食品加工技术专业交互式数字化创新教材

食品微生物

牛红云　严晓玲　主　编

许子刚　薛贵彬　副主编

科学出版社

北　京

内 容 简 介

本书分为食品微生物基础、食品微生物检测技术、食品微生物应用技术三大模块。食品微生物基础包括微生物的显微观察、微生物的制片染色、微生物的培养、微生物的生长与控制、微生物的鉴定、样品的采集与制备；食品微生物检测技术包括菌落总数测定、霉菌和酵母菌计数、大肠菌群计数、金黄色葡萄球菌检验、乳酸菌检验、微生物快速检测；食品微生物应用技术包括细菌在食品中的应用、酵母菌在食品中的应用、霉菌在食品中的应用。

本书可作为高职高专食品类相关专业的教材，也可供各类微生物应用技术人员参考使用。

图书在版编目(CIP)数据

食品微生物/牛红云，严晓玲主编. —北京：科学出版社，2018.11

（食品加工技术专业交互式数字化创新教材）

ISBN 978-7-03-057422-0

Ⅰ. ①食… Ⅱ. ①牛… ②严… Ⅲ. ①食品微生物-职业教育-教材 Ⅳ. ①TS201.3

中国版本图书馆 CIP 数据核字（2018）第 105872 号

责任编辑：王 彦 / 责任校对：陶丽荣

责任印制：吕春珉 / 封面设计：东方人华平面设计部

科学出版社出版

北京东黄城根北街 16 号

邮政编码：100717

http://www.sciencep.com

北京中科印刷有限公司印刷

科学出版社发行 各地新华书店经销

*

2018 年 11 月第 一 版 开本：787×1092 1/16

2018 年 11 月第一次印刷 印张：13

字数：298 000

定价：39.00 元

（如有印装质量问题，我社负责调换〈中科〉）

销售部电话 010-62136230 编辑部电话 010-62130750

前　言

为了符合职业教育的发展趋势，符合从传统学习方式向信息化学习方式变革的需要，编者在不断总结经验的基础上，设计编写了本书。本书围绕高职食品岗位的培养目标，在就业导向、工学结合职业教育理念的指导下，改变传统的章节编排，以教学项目为导引，以学习任务为驱动，将理论知识融入实践操作之中，力求体现职业教育最新发展方向，反映课程体系的最新成果。通过内容的更新与重组，提高学生分析问题和解决问题的能力，增强学生的专业技能，促进教学效果的提高，从而更好地实现学生职业能力培养与企业岗位要求的对接。

本书根据职业教育的特点，将传统的学科型课程以专业理论知识为逻辑主线的教学内容，重新构建为以职业技术为主线，以培养职业能力为本位的教学内容。本书以食品微生物工作中常用的操作技能与相关知识为主要内容，保证教学与实际工作的紧密结合。所有课程内容的安排均围绕学习任务的完成来展开，理论知识融入各项任务之中，理论与实践高度统一。

本书中的每一任务包括任务描述、任务要求、基础知识、任务实施、任务测评、任务考核，部分任务相应配有操作视频、微课，信息源丰富、知识量大，有助于学生理解接受并快速运用，从而提高学生学习的主动性和积极性，并且有利于个别化教学，实现互助互动、协作式学习。

本书循序渐进地编排项目，既符合学生的认知规律，也可达到反复训练、牢固掌握技能的目的，实现由基础知识中知识技能的感性认识到任务实施评价过程学生主动构建的理性认识。本书引用的检验程序出自最新版本的国家标准，在确保检验权威性的同时也让学生意识到国家标准等相关法规、标准的重要性。

本书编者包括：黑龙江农垦职业学院牛红云（绪论、项目一、项目二）；黑龙江农垦职业学院严晓玲（项目三、项目七）；善地嘉禾农业科技股份有限公司薛贵彬（项目四）；黑龙江农垦职业学院许子刚（项目五、项目八、项目九、项目十）；黑龙江省植检植保站焦晓丹（项目六）。

由于编者知识水平有限，书中难免有不足之处，敬请各位读者批评指正。

编　者

2018 年 4 月

目　　录

模块二　食品微生物检测技术

模块三　食品微生物应用技术

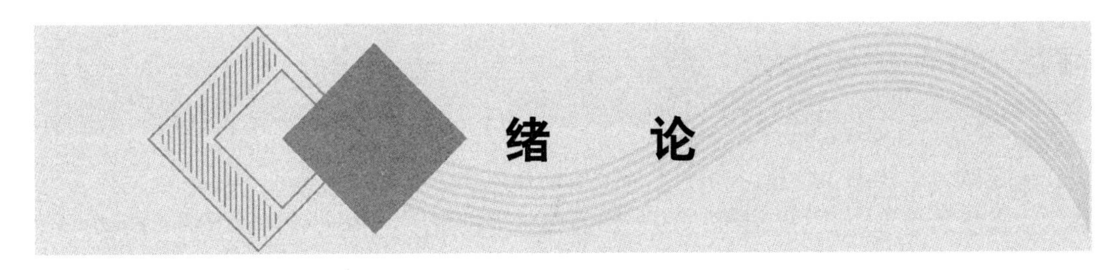

绪　论

一、走进微生物世界

1. 什么是微生物

微生物是一类个体微小、结构简单、肉眼不可见或看不清楚的微小生物的统称，包括属于原核类的细菌、放线菌、支原体、立克次氏体、衣原体和蓝细菌（以前称蓝藻或蓝绿藻），属于真核类的真菌（酵母菌和霉菌）、原生动物和显微藻类，以及属于非细胞类的病毒、类病毒和朊病毒等。

微生物千姿百态，有些是腐败性的，即引起食品的气味和组织结构发生不良变化。当然有些微生物是有益的，它们可用来生产奶酪、面包、泡菜、啤酒和葡萄酒。微生物非常小，必须通过显微镜放大约 1000 倍才能看到。

2. 微生物的类型

根据细胞的结构特点，习惯地把微生物归为 3 种类型，即非细胞结构型微生物、原核细胞型微生物和真核细胞型微生物。

1）非细胞结构型微生物

该类微生物无细胞结构，由核心和蛋白质衣壳组成。核心只有 RNA 或 DNA 一种核酸。此类微生物包括病毒及结构更简单的亚病毒。

2）原核细胞型微生物

该类微生物细胞的分化程度较低，仅有原始的核，无核仁和核膜，胞质内无完整的细胞器。原核细胞型微生物包括古细菌、真细菌和蓝细菌。蓝细菌能进行光合作用，目前尚未发现具有致病性。古细菌代表一类细胞结构更原始、其 16S rRNA 序列与其他原核细胞微生物和真核细胞微生物截然不同的微生物，包括产甲烷细菌、在极端条件下生长的极端嗜盐菌和嗜热嗜酸菌。除了古细菌和蓝细菌以外的其他原核细胞型微生物统称为真细菌，包括细菌、衣原体、支原体、立克次氏体、螺旋菌和放线菌等。

3）真核细胞型微生物

该类微生物细胞核的分化程度较高，有核膜、核仁和染色体，胞质内有完整的细胞器，行有丝分裂。真菌界和真核原生生物界的微生物都属于此类。真核原生生物界包括单细胞藻类和原生动物。

3. 微生物的特点

1）体积小、比表面积大

大多数微生物的个体极其微小，必须借助显微镜才能看到，常用微米或纳米作为个体大小的度量单位。芬兰科学家 E. O. Kajander 等发现了一种能引起尿道结石的纳米细菌，其直径很小，仅为 50nm，甚至比最大的病毒还小一些。这种细菌分裂缓慢，3d 才分裂一次，是目前所知的最小的具有细胞壁的细菌。但也有例外，迄今为止所知的个体最大的细菌是德国科学家在纳米比亚海岸附近的海底发现的一种硫磺细菌，其直径可达 0.75mm，能够用肉眼看到。许多真菌的子实体肉眼可见，某些藻类能生长到几米长。

微生物的结构非常简单，大多数微生物为单细胞，只有少数为简单的多细胞，有的甚至没有细胞，只有蛋白质外壳包围着的遗传物质。由于微生物的个体极其微小，因而其比表面积极大。比表面积大，必然有一个巨大的营养吸收、代谢废物排泄和环境信息接受面，这一特点也是微生物与一切大型生物相区别的关键。

2）吸收多、转化快

微生物的代谢强度比高等生物要高出几百至几万倍，主要表现在吸收多、转化快。科学家研究发现，微生物吸收和转化物质的能力比动物、植物要高很多倍。例如，大肠杆菌每小时可分解自重 2000 倍的乳糖，1kg 酒精酵母菌 1d 内能将几百吨糖分解转变为酒精，乳酸菌每小时可产生自重 1000 倍的乳酸，产朊假丝酵母菌合成蛋白质的能力是大豆的 100 倍、食用牛的 10 万倍。这个特性为微生物的高速生长繁殖和合成大量代谢产物提供了充分的物质基础，从而使微生物在自然界和人类实践中更好地发挥其超小型“活化工厂”的作用。

3）生长旺、繁殖快

微生物以惊人的速度“生儿育女”。例如，大肠杆菌在合适的生长条件下，12.5～20min 便可繁殖一代，每小时可分裂 3 次，由 1 个变成 8 个，每昼夜可繁殖 72 代，由 1 个细菌变成 4 722 366 500 万亿个后代（质量约为 4722t），经 48h 后，则可产生 2.2×10^{43} 个后代，如此多的细菌的质量约等于 4000 个地球的质量。事实上，由于种种客观条件的限制，细菌的指数分裂速度只能维持数小时，不可能无限制地繁殖。因而在培养液中繁殖细菌，它们的数量一般仅能达到每毫升 1 亿～10 亿个，最多达到 100 亿个。尽管如此，它的繁殖速度仍比高等生物高出千万倍。

微生物的这一特性在发酵工业上具有重要的实践意义，主要体现为生产效率高、发酵周期短；同时也给生物学基本理论的研究带来极大的优越性，使科研周期大大缩短、经费减少、效率提高。当然，对于危害人、畜和植物等的病原微生物或使物品发霉的微生物来说，它们的这个特性就会给人类带来极大的麻烦，甚至严重的祸害，因而需要认真对待。

4）适应强、易变异

微生物对外界环境的适应能力特强，这都是为了生存，是生物进化的结果。有些微生物体外附着的保护层荚膜，既可以提供营养，又可以抵御吞噬细胞的吞噬。细菌的芽孢可在干燥条件下保藏几十年、几百年甚至上千年，比其繁殖体具有大得多的外界抵抗力。

微生物有极其灵活的适应性，这是高等动植物无法比拟的，如耐热性、耐寒性、耐盐性、耐酸性、耐压力等能力。微生物对环境条件尤其是地球上那些恶劣的极端环境，如高温、高酸、高盐、高辐射、高压、低温、高碱、高毒等有惊人的适应力，堪称生物界之最。例如，多数细菌能耐-196～0℃的低温，海洋深处的某些硫细菌可在250～300℃环境中生长，嗜盐细菌可在饱和盐水中正常生长繁殖，有色金属浸矿中的氧化硫硫杆菌的一些菌株能生长在pH 0.5的H_2SO_4中。

微生物个体多为单细胞或结构简单的多细胞，甚至有的是非细胞结构，容易受环境影响，但微生物善于“随机”应变，从而使自己得以生存。微生物的个体一般都是单倍体，且具有繁殖快、数量多及与外界环境直接接触等特点。尽管微生物的变异频率仅10^{-9}～10^{-6}，但是也可在短时间内产生大量变异的后代。在微生物育种中利用变异这一特性可获得高产菌株。

5）种类多、分布广

微生物在自然界是一个十分庞杂的生物类群。迄今为止，我们所知道的微生物有近10万种，现在仍然以每年发现几百至上千个新种的速度在增加。随着分离、培养方法的改进和研究工作的进一步深入，将会有更多的微生物被发现。有人估计，目前至多只开发利用了其中的百分之一，因而研究和开发微生物资源的前景是十分光明的。

自然界中微生物存在的数量往往超出人们的预料。每克土壤中细菌可达几亿个，放线菌孢子可达几千万个。人体肠道中菌体总数可达100万亿个左右。每克新鲜叶子表面可附生100多万个微生物。全世界海洋中微生物的总质量估计达280亿t。从这些数据资料可见微生物在自然界中的数量之巨，实际上我们生活在一个充满着微生物的环境中。

微生物在自然界的分布极为广泛，除了火山喷发中心区和人为的无菌环境外，广泛存在于自然界土壤、空气、水中及动物与人体的体表和与外界相通的腔道里（如消化道、呼吸道）。微生物形体微小、质量小，可以随着风和水流到处传播。上至几万米的高空，下至几千米的深海，高达90℃的温泉，冷至-80℃的南极，以及盐湖、沙漠、江河湖泊、土壤矿层、大气上空及动植物体表和体内，到处都有微生物的踪迹。

4. 微生物的作用

微生物在自然界广泛存在，食品原料和大多数食品中存在微生物。不同的食品或在不同的条件下，其微生物的种类、数量和作用不相同。微生物既可在食品生产中起有益作用，又可通过食品给人类带来危害。

1）有益微生物在食品生产中的作用

用微生物生产食品，这并不是新的概念。早在古代，人们就采食野生菌类，利用微生物酿酒、制酱，但当时并不知道是微生物的作用。随着人们对微生物与食品关系的认识日益加深，以及对微生物的种类及其作用机理的深入了解，微生物在食品生产中的应用范围也逐步扩大了。

概括起来，微生物在食品中的应用有以下3种方式。

（1）微生物菌体的应用：食用菌就是受人们欢迎的食品；乳酸菌可用于蔬菜和乳类及其他多种食品的发酵，所以，人们在食用酸牛奶和酸泡菜时也食用了大量的乳酸菌；单细胞蛋白就是从微生物体中获得的蛋白质，也是人们对微生物菌体的利用。

（2）微生物代谢产物的应用：人们食用的食品有些是微生物发酵作用的代谢产物，如酒类、食醋、氨基酸、有机酸、维生素等。

（3）微生物酶的应用：如豆腐乳、酱油。酱类是利用微生物产生的酶将原料中的成分分解而制成的食品。微生物酶制剂在食品及其他工业中的应用日益广泛。

2）有害微生物对食品的危害

微生物引起的食品有害因素主要是使食品腐败变质，从而使食品的营养价值降低或完全丧失。有些微生物是使人类致病的病原菌，有的微生物可产生毒素。如果人们食用含有大量病原菌或毒素的食物，则可引起食物中毒，影响人体健康，甚至危及生命。因此，食品微生物学工作者应该设法控制或消除微生物对人类的这些有害作用，采用现代的检测手段，对食品中的微生物进行检测，以保证食品的安全性，这也是食品微生物学的任务之一。

二、走进微生物实验室

1. 微生物实验室的主要仪器设备

微生物实验室主要有培养箱、高压锅、普通冰箱、低温冰箱、厌氧培养设备、显微镜、离心机、超净工作台、振荡器、普通天平、千分之一天平、烤箱、冷冻干燥设备、均质器、恒温水浴箱、菌落计数器、生化培养箱、pH计、高速离心机等仪器设备。

实验室所使用的仪器、容器应符合标准要求，保证准确可靠，凡计量器具须经计量部门检定合格方能使用。使用仪器时，应严格按操作规程进行。

2. 微生物实验室危害来源

实验室人员面临很多危害，有来自化学方面的有毒、易燃、易爆、腐蚀和致癌物的危害，也有来自高压、紫外线和其他辐射的危害。另外，微生物工作者还会受到来自微生物菌株的危害。具体包括：潜在感染性物质的食入；感染性物质与皮肤和眼睛的接触；破损玻璃器皿的刺伤所引起的感染；锐器损伤（如通过皮下注射针头）可能引起意外注入感染性物质；实验室仪器、设备（如移液管、绝缘损坏或接地不良的电气设备、高压蒸汽灭菌锅等）的使用不当；感染性物质的溢出扩散（如废弃物、感染性材料所用的培养物、被污染的玻璃器皿、阳性的检验标本等的污染）；气溶胶和空气中孢子的危害等。

气溶胶是悬浮于气体介质的固态/液态微粒形成的相对稳定的分散体系，滴加到培养皿中的菌液能将微生物气溶胶释放到空气中。微生物气溶胶十分危险，它很容易被不知不觉地吸入肺中，且很小的剂量就会对肺造成严重的影响。真菌的分生孢子很轻，很容易在空气中扩散，会引起过敏反应或引发疾病，因此必须采取适当的措施加以控制。

3. 微生物实验室管理制度

（1）应制定仪器配备管理使用制度、药品管理使用制度、玻璃器皿管理使用制度，并认真执行安全制度和环境条件的要求。

（2）进入实验室必须穿工作服，进入无菌室换无菌衣、帽、鞋，戴好口罩，严格执行安全操作规程。非实验室人员不得进入实验室。

（3）实验室内物品摆放整齐，试剂定期检查并有明晰标签，仪器定期检查、保养、检修，严禁在冰箱内存放和加工私人食品。

（4）各种器材应建立申领消耗记录，贵重仪器有使用记录，破损遗失应填写报告；药品、器材、菌种不经批准不得擅自外借和转让，更不得私自拿出。

（5）禁止在实验室内吸烟、进餐、会客、喧哗，实验室内不得带入私人物品，离开实验室前认真检查水电。对于有毒、有害、易燃、污染、腐蚀的物品和废弃物品的处理，应按有关要求执行。

（6）负责人严格执行本制度，出现问题立即报告，造成病原扩散等责任事故者，应视情节严重程度追究法律责任。

（7）在进行高压、干燥、消毒等工作时，工作人员不得擅自离开现场，要认真观察温度、时间。蒸馏易挥发、易燃液体时，不准直接加热，应置水浴锅上进行，实验过程中如产生毒气，应在避毒柜内操作。

（8）严禁用口直接吸取药品和菌液，应按无菌操作进行，当发生菌液、病原体溅出容器外时，应立即用有效消毒剂进行彻底消毒，安全处理后方可离开现场。

（9）工作完毕，两手用清水和肥皂洗净，必要时可用新洁尔灭、过氧乙酸泡手，然后用水冲洗。工作服应经常清洗，保持整洁，必要时进行高压消毒。

（10）实验完毕，及时清理现场和实验用具，对染菌带毒物品进行消毒灭菌处理。

4. 有毒有菌污物处理要求

微生物实验所用实验器材、培养物等未经消毒处理，一律不得带出实验室。

（1）经培养的污染材料及废弃物应放在密闭的容器或铁丝筐内，并集中存放在指定地点，待统一进行高压蒸汽灭菌。

（2）经微生物污染的培养物，必须经 121℃ 30min 高压蒸汽灭菌。

（3）染菌后的吸管，使用后放入 5%煤酚皂溶液或石炭酸溶液中，最少浸泡 24h，再经 121℃ 30min 高压蒸汽灭菌。

（4）涂片染色冲洗玻片的液体，一般可直接冲入下水道，烈性菌的冲洗液必须冲在烧杯中，经高压蒸汽灭菌后方可倒入下水道，染色的玻片放入 5%煤酚皂溶液中浸泡 24h 后，煮沸洗涤。

（5）对于打碎的培养物，应立即用 5%煤酚皂溶液或石炭酸溶液喷洒和浸泡被污染部位，浸泡半小时后再擦拭干净。

（6）污染的工作服、帽、口罩等，应放入专用消毒袋内，经高压蒸汽灭菌后方能洗涤。

5. 无菌室的准备

在微生物实验中，菌种的移植、接种和分离工作等，都要排除杂菌的污染，才能获得符合要求的微生物纯培养体。为此，除严格按无菌操作进行外，尚需要有一个无杂菌污染的工作环境。通常，学生实验时可在酒精灯旁进行无菌接种，小规模的操作可以使用无菌箱（接种箱）或超净工作台，工作量大的使用无菌室（接种室），要求严格的可在无菌室内再结合使用超净工作台。

1）无菌室的设置

无菌室的设置可因地制宜，但应具备以下基本条件：

（1）无菌室要求结构严密，避免太阳直射，以玻璃为佳。室顶设立百叶排气窗口加封盖板，可以启闭。无菌室侧面靠底部应设进气孔，也应加可随时启闭的密封盖板，以便用后排湿通风。

（2）无菌室一般有里外两间，较小的外间为缓冲间，以提高隔离效果。

（3）无菌室应安装推拉门，以减少空气流动。必要时在向外一侧的玻璃上，安装一个双层的小型玻璃橱窗，便于内外传递物品，减少人员进出无菌室的次数。

（4）室内应有充足的照明、电热设备和动力用的电源。

（5）工作台台面应很平整、耐热、耐腐蚀，便于洗刷。

（6）无菌室的里外两间均应安装照明灯和紫外线杀菌灯，吊装在经常工作位置的上方。

（7）缓冲间内应放置隔离用的工作服、鞋、帽、口罩、消毒用药物、手持式喷雾器、废物桶等。无菌室应有接种用的常用器具，如酒精灯、接种环、接种针、不锈钢刀、剪刀、镊子、酒精棉球、玻璃铅笔等。

2）无菌室的杀菌

（1）紫外线灯照射。在每次工作前后均应打开紫外线灯，分别照射 30min，进行杀菌。忌在紫外线灯开着的情况下进入室内，更不能在开着的紫外线灯下工作。

（2）熏蒸。先将室内打扫干净，打开气孔和排气窗通风干燥后，重新关闭好再进行熏蒸杀菌。常用的熏蒸药剂为福尔马林溶液（含 37%～40%甲醛的水溶液）。熏蒸后应保持密闭 12h 以上，最好是隔夜。除甲醛外也可用乳酸、硫磺等进行熏蒸杀菌。

（3）石炭酸溶液喷雾。在进接种室操作前，用手持喷雾器喷 5%石炭酸溶液，主要喷于台面和地面，以防空气微尘飞扬。

为了检验无菌室内的无菌程度，需要定期在无菌室内进行空气中杂菌的检验，无菌室杀菌后使用前检验的结果应是无菌生长。如有霉菌生长则表明室内湿度过大，应通风干燥后再灭菌；如以细菌生长为主，可采用乳酸熏蒸，效果较好。

3）无菌室的操作规则

（1）将所用的材料、用品先全部放入无菌室内，以避免在操作过程中进出无菌室或传递物品（如同时放入了培养基则需用牛皮纸遮盖），使用前打开紫外线灯，照射半小时后，关闭紫外线灯，过一会儿才能使用。

（2）进入缓冲间，换好隔离工作服、鞋、帽，戴上口罩，用 2%新洁尔灭（或煤酚皂溶液）将手浸洗 1～2min 后，再进入工作间。

（3）操作前再用酒精棉球擦手，然后严格按无菌操作进行工作。

（4）工作后应将台面收拾干净，废物丢入废物桶内，取出培养物品及废物桶，用 5%石炭酸溶液喷雾，再打开紫外线灯照射半小时，以保持无菌室的无菌状态。

模块一　食品微生物基础

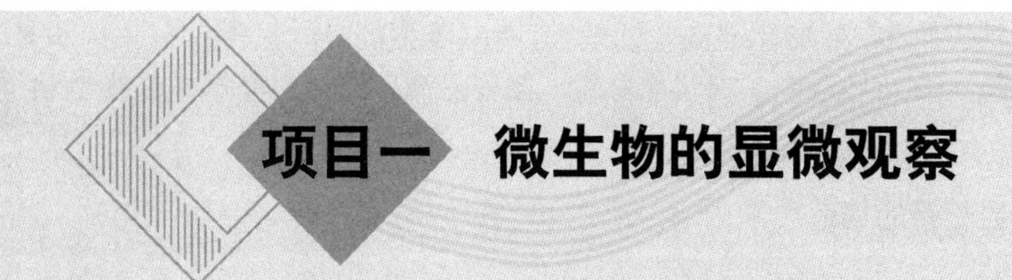

项目一 微生物的显微观察

显微镜是一种精密的光学仪器，已有300多年的发展史。自从有了显微镜，人们看到了过去看不到的许多微小生物和构成生物的基本单元——细胞。目前，不仅有能放大千余倍的光学显微镜，而且有放大几十万倍的电子显微镜，这使人们对微生物的生命活动规律有了更进一步的认识。

任务一 普通光学显微镜的使用

任务描述

显微镜是人类伟大的发明物之一，它把一个全新的世界展现在人类的视野里。被微生物污染的食品，在鉴定实验过程中也可以通过显微镜来进行镜检，那么如何使用显微镜呢？这个任务由你们来完成。

任务要求

知识目标

（1）掌握普通光学显微镜各部分的结构名称及功能。
（2）理解普通光学显微镜的工作原理。

能力目标

（1）掌握普通光学显微镜的操作技术。
（2）掌握普通光学显微镜的维护及保养技术。
（3）具有发现问题、解决问题的能力。

素质目标

（1）通过对显微镜观察视野的如实描述，培养实事求是的科学态度。
（2）通过对显微镜的及时清洁、归位、保养等，提升爱护实验设备的职业素养。

基础知识

光学显微镜简称光镜，是利用光线照明使微小物体形成放大影像的仪器。目前使用的光学显微镜种类繁多，外形和结构差别较大，有些类型的光学显微镜有其特殊的用途，如暗视野显微镜、荧光显微镜、相差显微镜、倒置显微镜等，但其基本的构造和工作原理是相似的。

一、普通光学显微镜的构造

普通光学显微镜的构造可以分为机械系统和光学系统两大部分，如图 1-1 所示。

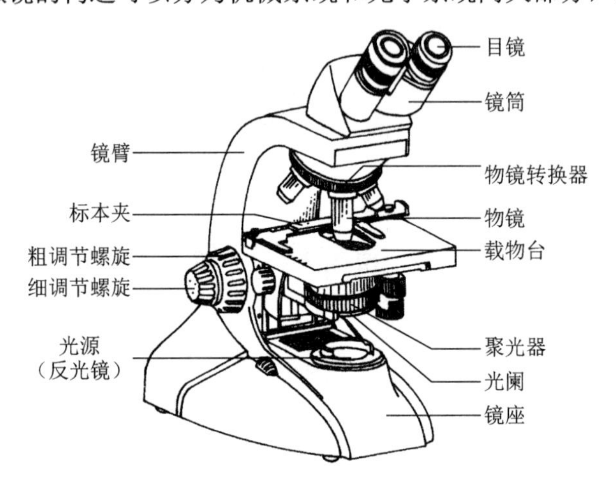

图 1-1　普通光学显微镜的构造

1. 机械系统

（1）镜座：在显微镜的底部，呈马蹄形、长方形、三角形等。

（2）镜臂：连接镜座和镜筒之间的部分，作为移动显微镜时的握持部分。

（3）镜筒：位于镜臂上端的空心圆筒，是光线的通道。镜筒的上端可插入目镜，下端可与物镜转换器相连接。镜筒的长度一般为 160mm。显微镜分为直筒式和斜筒式；有单筒式的，也有双筒式的。

（4）物镜转换器：位于镜筒下端，是一个可以旋转的圆盘；有 3 至 4 个孔，用于安装不同放大倍数的物镜。

（5）载物台（镜台）：支持被检标本的平台，呈方形或圆形；中央有孔，可透过光线，台上有用来固定标本的夹子和标本移动器。

（6）调焦旋钮：包括粗准焦旋钮（粗调节螺旋）和细准焦旋钮（细调节螺旋），是调节载物台或镜筒上下移动的装置。

2. 光学系统

（1）接物镜：常称为镜头，简称物镜，是显微镜中最重要的部分，由许多块透镜组成。其作用是将标本上的待检物进行放大，形成一个倒立的实像，一般显微镜有 3 至 4 个物镜，根据使用方法的差异可分为干燥系物镜和油浸系物镜两组。干燥系物镜包括低倍物镜（4～10×）和高倍物镜（40～45×），使用时物镜与标本之间的介质是空气；油浸系物镜（90～100×）在使用时，物镜与标本之间加有一种折射率与玻璃折射率几乎相等的油类物质（香柏油）作为介质。物镜的各种标记如图 1-2 所示。

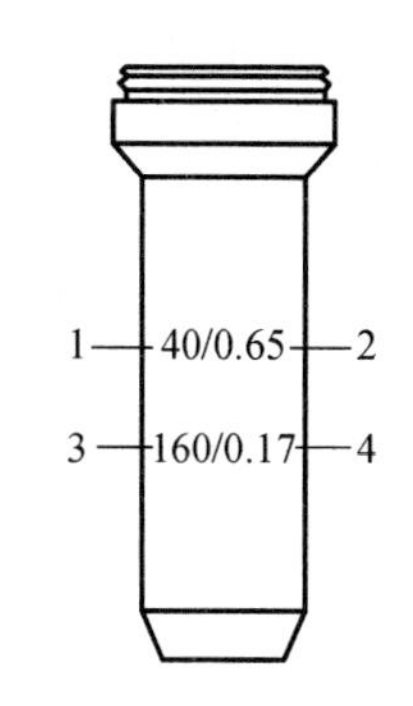

图 1-2　物镜的各种标记

1．放大倍数；2．数值口径；
3．镜筒长度要求；4．指定盖玻片厚度

（2）接目镜：通常称为目镜，一般由 2 至 3 块透镜组成。其作用是将由物镜所形成的实像进一步放大，并形成虚像。一般显微镜的标准目镜的放大倍数是 10×。

（3）聚光器：位于载物台的下方，由两块或几块透镜组成，其作用是将由光源来的光线聚成一个锥形光柱。聚光器可以通过位于载物台下方的粗调节螺旋和细调节螺旋进行上下调节，以求得最适光度。聚光器还附有光阑，可调节锥形光柱的角度和大小，以控制进入物镜的光的量。

（4）反光镜：反光镜是一个双面镜，一面是平面，另一面是凹面，起着把外来光线变成平行光线进入聚光器的作用。使用内光源的显微镜无需反光镜。

（5）光源：日光和灯光均可，以日光较好，其光色和光强都比较容易控制，有的显微镜采用装在镜座内的内光源。

二、光学显微镜的成像原理

物镜和目镜的结构虽然比较复杂，但它们的作用都相当于一个凸透镜，由于被检标本是放在物镜下方的 1～2 倍焦距之间的，上方形成一倒立的放大实像，该实像正好位于目镜的下焦点（焦平面）之内，目镜进一步将它放大成一个虚像，通过调焦可使虚像落在眼睛的明视距离处，在视网膜上形成一个直立的实像。显微镜中被放大的倒立虚像与视网膜上直立的实像是相吻合的，该虚像看起来好像在离眼睛 25cm 处。

1．分辨率和数值口径

衡量显微镜性能好坏的指标主要是显微镜的分辨率，显微镜的分辨率是指显微镜将样品上相互接近的两点清晰分辨出来的能力。它主要取决于物镜的分辨能力，物镜的分辨能力是所用光的波长和物镜数值口径的函数。分辨率用镜头所能分辨出的两点间的最小距离表示，距离越小，分辨能力越好。分辨率可用以下公式表示：

$$D=\frac{1}{2}\frac{\lambda}{\mathrm{NA}}$$

式中，D 为分辨率；λ 为光波的波长；NA 为物径的数值口径。

物镜的数值口径（numberical aperture，NA）表示从聚光器发出的锥形光柱照射在观察标本上，能被物镜所聚集的量。物镜的数值口径可用以下公式表示：

$$\mathrm{NA}=n\sin\theta$$

式中，n 为标本和物镜之间介质的折射率；θ为由光源投射到透镜上的光线和光轴之间的最大夹角。

光线投射到物镜的角度越大，数值口径就越大。如果采用一些高折射率的物质作介质，如使用油镜时采用香柏油作介质，则数值口径增大，从而提高分辨能力。物镜镜筒上标有数值口径，如图 1-2 所示，低倍镜为 0.25，高倍镜为 0.65，油镜为 1.25。这些数值是在其他条件都适宜的情况下的最高值，实际使用时，往往低于所标的值。

2. 放大倍数、焦距和工作距离

显微镜的放大倍数是物镜和目镜放大倍数的乘积。放大倍数一样时，由于目镜和物镜搭配不同，其分辨率也不同。一般来说，增加放大倍数应该是尽量用放大倍数大的物镜。物镜的放大倍数越大，焦距越短，物镜和样品之间的距离（工作距离）便越短。

任务实施

一、材料准备

视频：普通光学显微镜的使用

各种微生物玻片标本、香柏油、二甲苯、显微镜、擦镜纸。

二、操作步骤

具体操作视频参看二维码。

1. 显微镜的安置

一手握住镜臂，一手托住镜座，使显微镜保持直立、平稳，置于平整的实验台上，镜座距实验台边缘 3～4cm，姿势要端正。

2. 调节光源

接通电源，调节光亮度调节钮和光阑的大小，使视野内的光线均匀、亮度适宜。

3. 低倍镜观察

将标本玻片置于载物台上，用标本夹夹住，移动标本移动器使观察对象处在物镜的正下方，旋转物镜转换器，将 10×物镜调至光路中央。将载物台升起，从侧面注视并小心调节物镜使其接近标本片，然后用目镜观察，慢慢下降载物台，使标本在视野中初步聚焦，再使用细调节螺旋调节使图像清晰。慢慢移动玻片，仔细观察。注意：无论使用单筒显微镜还是双筒显微镜，均应双眼同时睁开观察，以减少眼睛的疲劳，也便于边观察边绘图记录。

4. 高倍镜观察

在低倍镜下找到合适的目标并将其移至视野中心后，转动物镜转换器将高倍镜移至工作位置，适当调节聚光器光阑及视野后微调细调节螺旋使物像清晰，移动标本仔细观察并记录。

5. 油镜观察

找到要观察的样品区域，用粗调节螺旋先降载物台，然后将油镜转到工作位置。在待观察的样品区域加一滴香柏油，从侧面注视，用粗调节螺旋将载物台小心地上升，使油镜浸在香柏油并几乎与标本片相接。将聚光器升至最高位置并开足光阑。慢慢地降载物台至视野中出现清晰图像为止，仔细观察并记录。

6. 显微镜用后处理

先降载物台，再取下载玻片；先用擦镜纸擦去镜头上的香柏油，然后用擦镜纸蘸少许二甲苯擦去镜头上残留的油迹，再用干净的擦镜纸擦去残留的二甲苯；用擦镜纸清洁其他物镜和目镜，用绸布清洁显微镜的金属部件；将物镜转成“八”字形，同时把聚光器降下，以免物镜和聚光器发生碰撞危险；把显微镜放回原处。

三、注意事项

（1）持镜时必须一手握臂、一手托座，不可单手提取，以免零件脱落或碰撞到其他地方。

（2）显微镜轻拿轻放，不可把显微镜放置在实验台的边缘，以免碰翻落地。

（3）保持显微镜的清洁，光学和照明部分只能用擦镜纸擦拭，切忌口吹、手抹或用布擦，机械部分用布擦拭。

（4）水滴、乙醇或其他药品切勿接触镜头和载物台，如果沾污应立即擦净。

（5）显微镜观察要养成两眼同时睁开的习惯，左眼观察视野，右眼用以绘图。

（6）不要随意取下目镜，以防止尘土落入物镜，也不要任意拆卸各种零件，以防损坏。

（7）使用完毕后，必须复原才能放回镜箱内，最后填写使用记录表。

（8）调节粗调节螺旋时，要注视物镜与玻片之间的距离，到快接近（约 0.5cm）时停止。

任务测评

普通光学显微镜的使用评价表见表 1-1。

表 1-1 普通光学显微镜的使用评价表

内容	评价标准	分值
显微镜的安置	显微镜保持直立、平稳（一手握住镜臂，一手托住镜座，姿势端正）	10
调节光源	视野内的光线均匀、亮度适宜（调节光亮度调节钮和光阑的大小）	10

续表

内容	评价标准	分值
低倍镜观察	夹住玻片（拨动标本夹），观察对象在正下方（移动标本移动器），10×物镜调至光路中央（转动物镜转换器），标本在视野中聚焦（载物台升起，侧面注视物镜接近玻片，目镜观察，慢慢降载物台，调节细调节螺旋），双眼同时睁开观察	20
高倍镜观察	观察目标移至视野中心，高倍镜移至工作位置（转动物镜转换器），微调细调节螺旋使物像清晰（聚光器光阑及视野进行适当调节）	10
油镜观察	油镜转到工作位置，样品区域滴加香柏油，油镜浸在香柏油中（侧面注视，载物台小心上升），调节至物像清晰（慢慢地降载物台，聚光器升至最高位置，开足光阑）	30
显微镜的用后处理	先降载物台，用擦镜纸清洁油镜（蘸二甲苯）、其他物镜和目镜；取下玻片，物镜呈“八”字形，聚光器下降，套上镜罩，放回原处	20
合计		100

任务考核

（1）使用显微镜观察标本，为什么一定要按从低倍镜到高倍镜再到油镜的顺序进行？

（2）如何分析判断视野中所见到的污物点是否在目镜上？

（3）显微镜中用于调节光线强弱的装置有哪些？

任务二　细菌的观察

任务描述

在自然界中细菌是分布最广、数量最多的一类生物，并与食品关系最为密切，是食品理论、工业发酵和酿造研究的主要对象，也是导致食品腐败的主要类群。检验机构需要判断食品所受污染是由什么细菌引起的，这个任务由你们来完成。

任务要求

知识目标

（1）掌握细菌的形态结构特点及繁殖方式。

（2）了解细菌在食品生产中的基本应用。

能力目标

（1）会熟练使用显微镜观察细菌的形态结构。

（2）学会微生物标本的观察和绘图方法。

（3）具有克服困难的能力。

素质目标

通过由低倍镜到高倍镜、再到油镜的观察，提高克服困难的良好心理素质。

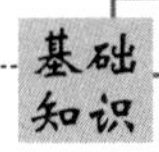

细菌是单细胞原核微生物，个体微小，结构简单，以二等分裂方式繁殖。细菌分布广泛，不能用肉眼直接观察，需经过显微镜放大数百倍至上千倍才能看见。一般以微米（1μm=1/1000mm）作为测量其大小的单位。

一、细菌的形态

细菌按其外形可分为球形、杆形和螺旋形 3 种基本形态，分别称为球菌、杆菌和螺旋菌，如图 1-3 所示。大多数球菌直径约 1.0μm，杆菌长 2～3μm，直径 0.3～0.5μm。不同种类细菌大小形态不一，同一种细菌的大小和形态也可因菌龄和环境因素的影响而各异。

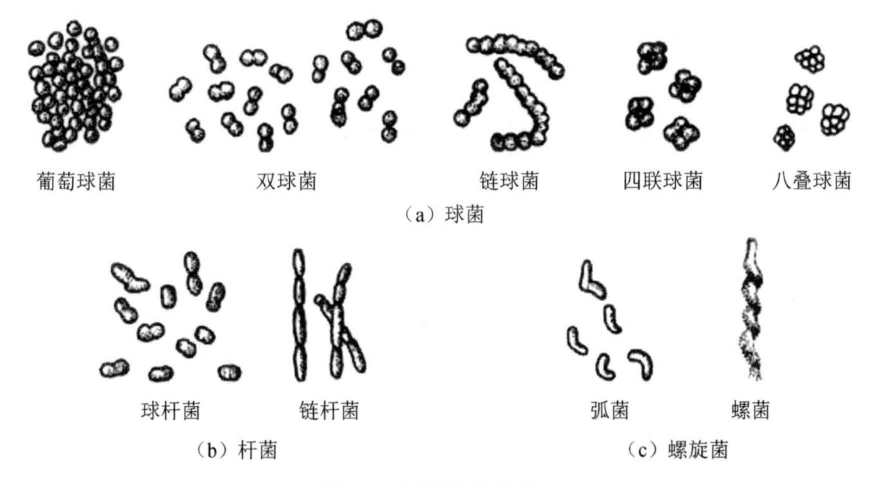

图 1-3　细菌的各种形态

细菌的形态可受各种理化因素的影响，只有在生长条件适宜时其形态才较为典型。幼龄、衰老的细菌，或环境中含有不利于细菌生长的物质（如抗生素、抗体或盐的含量过高等）时，其形态不规则，常膨胀成梨形、丝状等，称为衰退形；或表现为多形性，难于识别。故观察和研究细菌的大小和形态时，必须选用在适宜培养基中生长旺盛的细菌。

1. 球菌

球菌菌体呈球形或近似球形，以典型的二等分裂方式繁殖，分裂后产生的新细胞常保持一定的空间排列方式。根据细胞分裂的方向及分裂后各子细胞的空间排列状态不同，球菌分为以下几种：单球菌、双球菌、链球菌、四联球菌、八叠球菌、葡萄球菌等，如图 1-3 所示。

（1）单球菌：分裂后的细胞分散而单独存在的球菌，如尿素微球菌。

（2）双球菌：分裂后两个球菌成对排列的为双球菌，如肺炎双球菌。

（3）链球菌：分裂时沿一个平面进行，分裂后细胞排列成链状，如乳链球菌。

（4）四联球菌：分裂时沿两个相垂直的平面进行分裂，分裂后每 4 个细胞在一起呈“田”字形，如四联微球菌。

（5）八叠球菌：按 3 个互相垂直的平面进行分裂后，每 8 个球菌在一起呈立方体形，如藤黄八叠球菌。

（6）葡萄球菌：分裂面不规则，多个球菌聚在一起，像一串串葡萄，如金黄色葡萄球菌。

2. 杆菌

杆菌外形呈杆状。杆菌是细菌中种类最多的类型，因菌种不同，菌体细胞的长短、粗细等都有所差异。大杆菌长 4～10μm，如炭疽芽孢杆菌；中等大杆菌长 2～3μm，如大肠埃希菌；小杆菌长 0.6～1.5μm，如革兰氏菌。菌体两端多呈钝圆形，少数两端平齐。有的菌体较短，称球杆菌。有的末端膨大呈棒状。杆菌的形态有短杆状、长杆状、棒杆状、梭状、梭杆状、月亮状、分枝状、竹节状等。除个别细菌（如炭疽芽孢杆菌）呈链状排列外，杆菌无特殊排列。

食品工业上用到的细菌大多是杆菌，如用来生产淀粉酶和蛋白酶的枯草芽孢杆菌、生产谷氨酸的北京棒状杆菌、用于乳品工业的保加利亚乳杆菌等。

3. 螺旋菌

螺旋状的细菌称为螺旋菌，根据其弯曲情况分为：①弧菌（螺旋不满一环，菌体呈弧形或逗号形，如霍乱弧菌、逗号弧菌）；②螺旋菌（螺旋满 2～6 环，螺旋状，如干酪螺菌）；③螺旋体（旋转周数在 6 环以上，菌体柔软，如梅毒密螺旋体）。

二、细菌的结构

随着染色技术的改进及电子显微镜和超薄切片技术的应用，人们对细菌细胞的结构和功能有了比较清楚的了解。各种细菌都具有的结构称为细菌的基本结构，由内向外依次为拟核、细胞质、细胞膜及细胞壁，如图 1-4 所示。仅某些细菌所具有的结构称为细菌的特殊结构，如鞭毛、菌毛、芽孢及荚膜。也可将细菌的这些结构按其存在部位分为表层结构（细胞膜、细胞壁和荚膜）、内部结构（核质、细胞质及芽孢等）和附属结构（鞭毛及菌毛）3 部分。

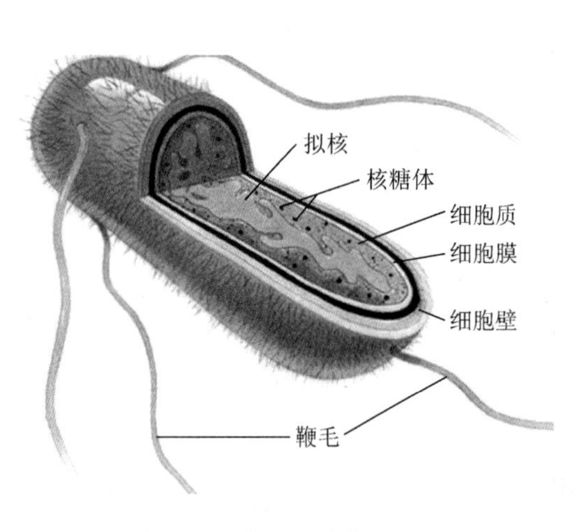

图 1-4　细菌细胞结构示意图

1. 细菌细胞的基本结构

1）细胞壁

细胞壁是位于菌体的最外层，内侧紧

贴细胞膜的一层无色透明、坚韧而有弹性的结构。细胞壁占细胞干重的10%～25%。细菌细胞壁的结构与真核生物细胞壁不同，主要化学成分是肽聚糖，又称黏肽。肽聚糖是原核生物细胞所特有的物质。细胞壁能够保护细胞免受外力损伤，维持菌体外形，协助鞭毛运动，与细胞膜一起完成细胞内外物质的交换，为正常细胞分裂所必需，与细菌的抗原性、致病性和对噬菌体的敏感性密切相关。

2）细胞膜

细胞膜是紧贴细胞壁内侧包围细胞质的一层柔软、富有弹性的半透明薄膜。细胞膜的化学组成主要包括蛋白质、磷脂、糖类和少量核酸。细胞膜是由球形蛋白与磷脂按照二维排列方式构成的流体镶嵌式，流动的脂类双分子层构成了膜的连续体，而蛋白质像孤岛一样无规则地漂流在磷脂类的海洋当中。细胞膜具有完成细胞内外物质交换和运送的功能。在原核微生物中，细胞膜参与生物氧化和能量产生，还与细胞壁及荚膜的合成有关，是鞭毛着生的位点。

3）拟核（或核质体、核区）

拟核是由大型环状双链DNA纤丝不规则地折叠或缠绕而构成的无核膜、核仁的区域。细菌DNA长度一般为1～3mm，负载遗传信息。另外，细菌具有染色体外的遗传物质——质粒，其由共价闭合环状双链DNA分子组成。

4）核糖体

核糖体是分散在细胞质中的颗粒状结构，由核糖体核酸（占60%）和蛋白质（占40%）组成。细菌的核糖体沉降系数为70S，由50S大亚基和30S小亚基构成。核糖体是细胞合成蛋白质的机构。

5）细胞质及其内含物

细胞质是在细胞膜内除核区以外的细胞物质，细胞质是无色、透明、黏稠状的物质，主要成分为水、蛋白质、核酸、脂类、少量糖和无机盐。细胞质含有丰富的酶系，是营养物质合成、转化、代谢的场所。细菌细胞质含有各种颗粒状内含物，它们大多数为细胞储藏物，颗粒状内含物的多少因细菌的种类、菌龄及培养条件不同而改变。

2. 细菌细胞的特殊结构

1）荚膜

荚膜是某些细菌细胞壁外的一层黏液性物质。根据荚膜的形状和厚度的不同，荚膜分为4类：荚膜或大荚膜（黏液状物质具有一定外形，相对稳定地附着在细胞壁外，厚度大于0.2μm）、微荚膜（黏液状物质较薄，厚度小于0.2μm，与细胞表面牢固结合）、黏液层（黏液物质没有明显的边缘，比荚膜松散，可向周围环境中扩散，增大黏性）和菌胶团（多个细菌共有一个荚膜）。荚膜的组成因种而异，除水外，主要是多糖，此外还有多肽、蛋白质、糖蛋白等。荚膜的生理功能主要是保护细胞，抗干燥；储藏养料，是细胞外碳源和能源的储备物质；抵御外界细胞对菌体的吞噬作用；具有抗原性，与致病力有关。

2）鞭毛

鞭毛是某些细菌表面由细胞内生长出的细长、波曲、毛发状的结构，主要由鞭毛蛋白构成，还含有少量的多糖、脂类和核酸等。鞭毛具有运动功能，一般认为鞭毛靠鞭毛丝旋转而动，它们是细菌的“运动器官”。鞭毛的长度一般为15～20μm，最长可达70μm。鞭毛的直径为0.01～0.02μm。

不同细菌的鞭毛数目和着生位置不同，鞭毛数目一般一至数十条。根据鞭毛的数量和在菌体上的排列位置，细菌分为一端单毛菌、两端单毛菌、丛毛菌和周毛菌，如图1-5所示。细菌是否产生鞭毛，以及鞭毛的数目和排列位置，都具有种的特征，可作为鉴定细菌的依据之一。

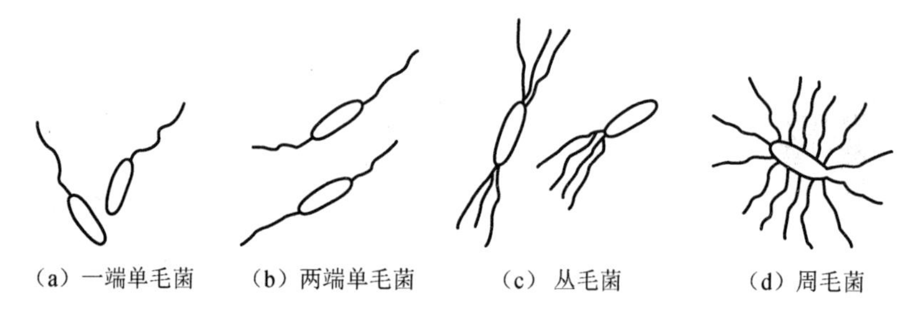

图1-5　细菌的鞭毛排列示意图

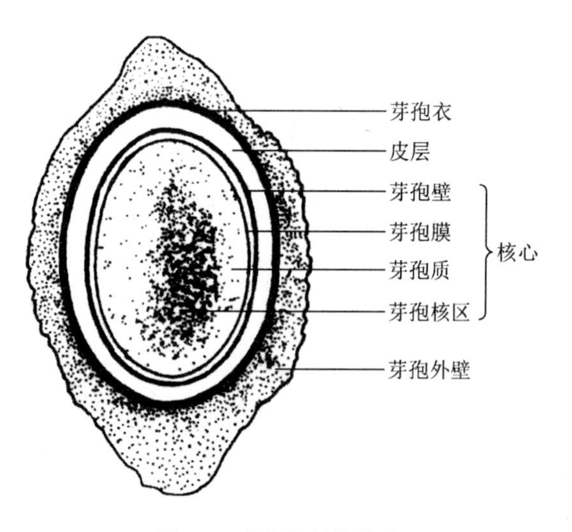

图1-6　芽孢的结构模式

3）芽孢

芽孢是某些菌生长到一定阶段，细胞内形成的一个圆形、椭圆形或卵圆形的内生孢子，是对不良环境有较强抵抗力的休眠体。芽孢有多层结构，主要包括芽孢外壁、芽孢衣、皮层和核心，如图1-6所示。芽孢含水量低，壁厚而致密，通透性差，不易着色。芽孢具有很强的耐热、耐干燥、抗辐射、耐化学药物等特性。在杆菌中能形成芽孢的种类较多，在球菌和螺旋菌中只有少数菌种可形成芽孢。

三、细菌的繁殖

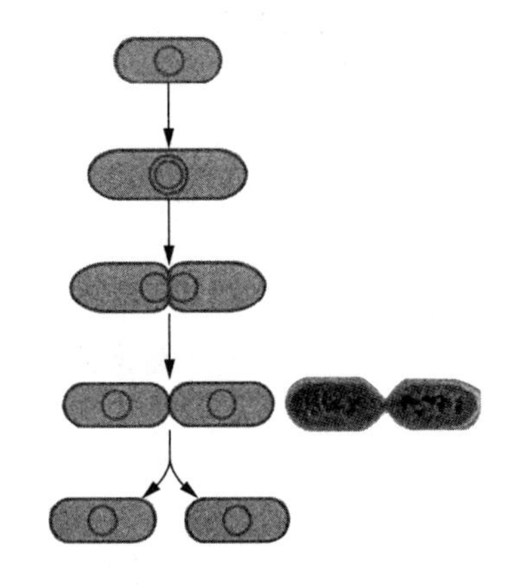

图 1-7　细菌二等分裂过程模式图

二等分裂繁殖是细菌最普遍、最主要的繁殖方式。在分裂前先延长菌体，染色体复制为二，然后垂直于长轴分裂，细胞赤道附近的细胞质膜凹陷生长，直至形成横隔膜，同时形成横隔壁，这样便产生两个子细胞（图 1-7）。

四、细菌的菌落

单个或少数细菌细胞生长繁殖后，会形成以母细胞为中心的一堆肉眼可见、有一定形态构造的子细胞集团，这就是菌落。细菌菌落常表现为湿润、黏稠、光滑、较透明、易挑取、质地均匀及菌落正反面或边缘与中央部位颜色一致等（图 1-8）。细菌的菌落特征因种而异，可作为鉴定细菌种的依据。

黏质沙雷氏菌的菌落特征

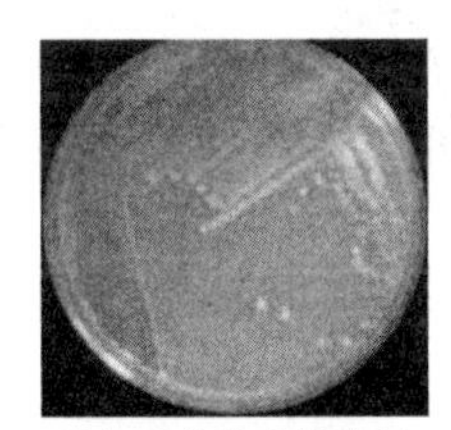

沙门氏菌的菌落特征

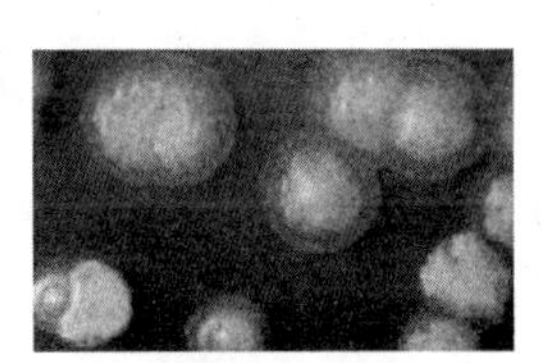

铜绿假单孢菌的菌落特征

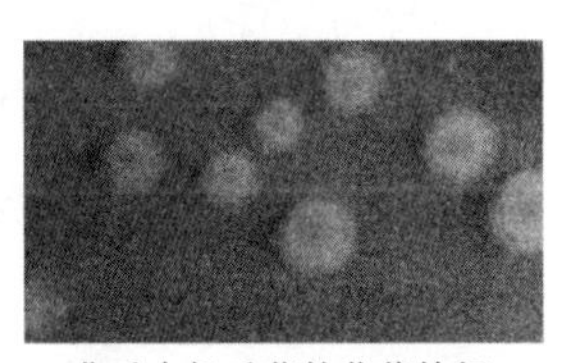

弗氏志贺氏菌的菌落特征

图 1-8　细菌的菌落

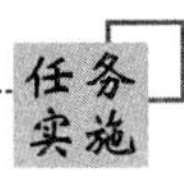

一、材料准备

各种细菌的染色装片、香柏油、二甲苯、显微镜、擦镜纸。

二、操作步骤

1. 观察细菌的基本形态

（1）调试显微镜：显微镜安置、调节光源、低倍镜观察、高倍镜观察、油镜观察。

（2）在低倍镜、高倍镜和油镜下观察细菌三型装片及乳酸杆菌、金黄色葡萄球菌、四联球菌、八叠球菌、嗜热链球菌等的染色装片。

（3）分别在油镜下进行生物绘图。

2. 观察细菌的细胞结构

（1）用低倍镜、高倍镜和油镜观察巨大芽孢杆菌（示细胞壁）染色装片，并在油镜下绘图。

（2）用低倍镜、高倍镜和油镜观察巨大芽孢杆菌（示异染粒）染色装片，并在油镜下绘图。

（3）用低倍镜、高倍镜和油镜观察苏云金芽孢杆菌（示伴胞晶体）染色装片，并在油镜下绘图。

（4）用低倍镜、高倍镜和油镜观察普通变形菌（示鞭毛）染色装片，并在油镜下绘图。

（5）用低倍镜、高倍镜和油镜观察枯草芽孢杆菌（示芽孢）染色装片，并在油镜下绘图。

（6）用低倍镜、高倍镜和油镜观察褐球固氮菌（示荚膜）染色装片，并在油镜下绘图。

三、注意事项

（1）先用低倍镜然后转用高倍镜观察。

（2）注意只能用擦镜纸擦镜头。

（3）观察完毕后将光源亮度调至最低。

细菌的观察评价表见表 1-2。

表 1-2　细菌的观察评价表

内容		评价标准	分值
显微镜的调节	显微镜的安置	握持显微镜姿势端正，显微镜能保持直立、平稳	10
	调节光源	视野内的光线均匀、亮度适宜	10
	低倍镜观察	观察对象在正下方，10×物镜调至光路中央，标本在视野中聚焦，双眼同时睁开观察	10
	高倍镜观察	高倍镜移至工作位置，观察目标在视野中心，能通过微调细调节螺旋使物像清晰（聚光器光阑及视野进行适当调节）	10
	油镜观察	油镜转到工作位置，样品区域正确滴加香柏油，油镜能浸在香柏油中，聚光镜能升至最高位置，光阑开至最大，物像清晰	10
细菌的观察		能在显微镜下识别细菌的基本形态	10
		能在显微镜下识别细菌的芽孢、荚膜、鞭毛等特殊结构	30
显微镜的清洁归位		能用擦镜纸正确清洁油镜（蘸二甲苯）、其他物镜和目镜；能正确填写使用记录；能取下玻片，物镜摆成“八”字形，聚光镜下降，套上镜罩，放回原处	10
合计			100

任务考核

判断下列说法是否正确。

（1）弧菌的菌体只有一个弯曲，是螺旋菌的一种。（　　）

（2）所有的细菌都具有荚膜、鞭毛和芽孢。（　　）

（3）细菌和酵母菌的菌落一般比霉菌的菌落大。（　　）

（4）细菌芽孢是自然界中具有最大抗性的一种生命形态。（　　）

（5）肽聚糖是革兰氏阳性菌细胞壁所特有的成分。（　　）

（6）细菌的芽孢是繁殖体。（　　）

任务三　酵母菌的观察

任务描述

酵母菌的观察内容包括酵母菌的形态、大小、基本结构、特殊结构、繁殖方式等，这些内容为今后的发酵食品加工提供了必需的专业基础知识，酵母菌的识别、利用与控制决定了很多发酵食品的加工质量。观察识别酵母菌，这个任务由你们来完成。

任务要求

知识目标

（1）掌握酵母菌的形态结构特点、繁殖方式及菌落特征。

（2）了解酵母菌与食品加工的关系。

能力目标

（1）会熟练使用显微镜观察酵母菌的形态结构。

（2）具有良好的表达、沟通和团队协作能力。

素质目标

通过独立按时保质保量地完成观察任务，培养良好的意志品质。

基础知识

提起酵母菌这个名称，也许有人不太熟悉，但实际上人们每天都在享受着酵母菌的好处。因为我们每天吃的面包和馒头就是有酵母菌的参与才制成的，我们喝的啤酒也离不开酵母菌的贡献，酵母菌是人类实践中应用比较早的一类微生物。在古代我国劳动人民就利用酵母菌酿酒。酵母菌的细胞含有丰富的蛋白质和维生素，所以也可以做成高级营养品添加到食品中，或用作饲养动物的高级饲料。酵母菌在自然界中分布很广，尤其喜欢在偏酸性且含糖较多的环境中生长，如在水果、蔬菜、花蜜的表面和在果园土壤中较为常见。

酵母菌也常给人类带来危害。腐生型酵母菌能使食物、纺织品和其他原料腐败变质，少数嗜高渗压酵母菌如鲁氏酵母、蜂蜜酵母，可使蜂蜜、果酱败坏。有的酵母菌是发酵工业的污染菌，它们消耗酒精降低产量或产生不良气味，影响产品质量。某些酵母菌可引起人和植物的病害。例如，白假丝酵母（又称白色念珠菌）可引起皮肤、黏膜、呼吸道、消化道及泌尿系统等多种疾病，新型隐球酵母可引起慢性脑膜炎、肺炎等。

一、酵母菌的形态

酵母菌是单细胞真核微生物。酵母菌细胞的形态通常有球形、卵圆形、腊肠形、椭圆形、柠檬形或藕节形等。酵母菌比细菌的单细胞个体要大得多，比细菌粗约 10 倍，其直径一般为 2～5μm，长度为 5～30μm，最长可达 100μm。酵母的大小、形态与菌龄、环境有关。一般成熟的细胞大于幼龄的细胞，液体培养的细胞大于固体培养的细胞。有些酵母菌细胞与其子代细胞连在一起成为链状，称为假丝酵母。酵母菌无鞭毛，不能游动。

二、酵母菌的结构

酵母菌具有典型的真核细胞结构，有细胞壁、细胞膜、细胞核、核膜、内质网、核糖体、细胞质基质、液泡、线粒体，如图 1-9 所示。

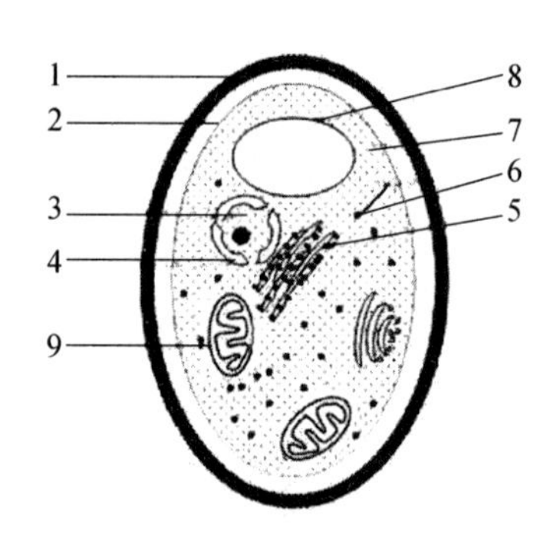

图 1-9　酵母菌结构图

1．细胞壁；2．细胞膜；3．细胞核；4．核膜；5．内质网；6．核糖体；7．细胞质基质；8．液泡；9．线粒体

酵母菌细胞壁的化学成分主要是葡聚糖（30%～34%）和甘露聚糖（30%），此外，还有脂类（8.5%～13.5%）和蛋白质（6%～8%）。几丁质含量因种而异，裂殖酵母属一般不含几丁质，酿酒酵母含 1.2%，有的假丝酵母含量超过了 2%。酵母菌的细胞膜与原核生物基本相同。

通常在酵母菌细胞发育后期，其细胞质含有一个或几个透明的小滴，即液泡，它的大小可作为衡量细胞成熟的标志。当酵母菌处于旺盛生长阶段时，液泡中没有什么内含物，随着细胞老化，其中出现了异染颗粒、肝糖粒、脂肪滴等颗粒状储藏物，以及 DNA 酶、蛋白酶、脂酶等多种水解酶类。液泡可调节细胞渗透压，并与细胞质进行物质交换。

酵母菌具有由多孔核膜包裹着的细胞核，上面有大量的核孔。核孔孔径 40～70nm，透性比任何生物膜都大。染色体由 DNA 和组蛋白牢固结合而成，呈线状，数目因种而异。核内有一或几个区域 rRNA 含量很高，这一区域为核仁，是合成核糖体的场所。细胞核的功能是携带遗传信息，控制细胞的增殖和代谢。

三、酵母菌的繁殖

酵母菌的繁殖方式有无性繁殖和有性繁殖两种。无性繁殖又分芽殖、芽裂和裂殖，有的甚至可形成厚垣孢子和节孢子。有性繁殖方式产生子囊孢子。凡具有性繁殖方式产生子囊孢子的酵母称为真酵母。尚未发现有性繁殖方式的酵母称为假酵母。

酵母菌的出芽过程如图 1-10 所示。首先，邻近细胞核的中心体产生一个小的突起，同时细胞表面向外突出，出现小芽；然后，母细胞部分核物质、染色体、细胞质进入芽内，芽逐渐增大；最后，芽细胞从母细胞得到一套完整的核结构、线粒体、核糖体等而与母细胞分离，成为独立生活的细胞。酵母出芽繁殖时，子细胞与母细胞分离，在子细胞、母细胞的细胞壁上都会留下痕迹。在母细胞的细胞壁上出芽并与子细胞分开的位点称为出芽痕，子细胞细胞壁上的位点称为诞生痕。多重出芽，致使酵母细胞表面有多个小突起。根据芽痕的数目，就可确定某细胞产生过的芽体数，因而可估计该细胞的菌龄。当环境条件适宜而生长繁殖迅速时，酵母菌出芽形成的子细胞尚未与母细胞分开，就又长出新芽，于是形成了成串的细胞，犹如假丝状，故称假丝酵母，如图 1-11 所示。热带假丝酵母、解脂假丝酵母等均以此方式繁殖。有的酵母菌在液体培养基中或在缺氧条件下，也可形成像藕一样的节及可分枝的假丝。

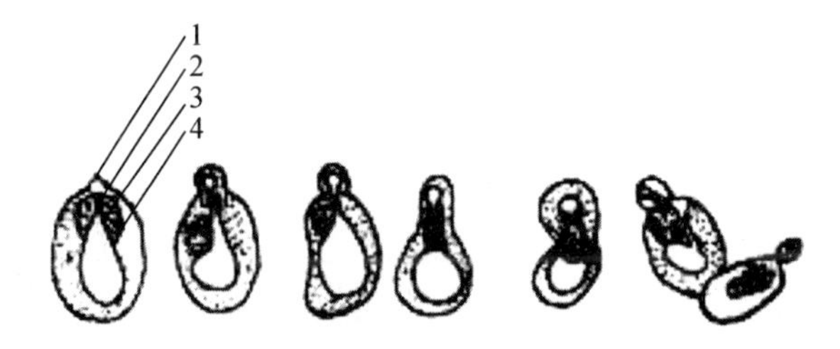

图 1-10　酵母菌的出芽过程

1．泡；2．小管；3．核；4．液泡

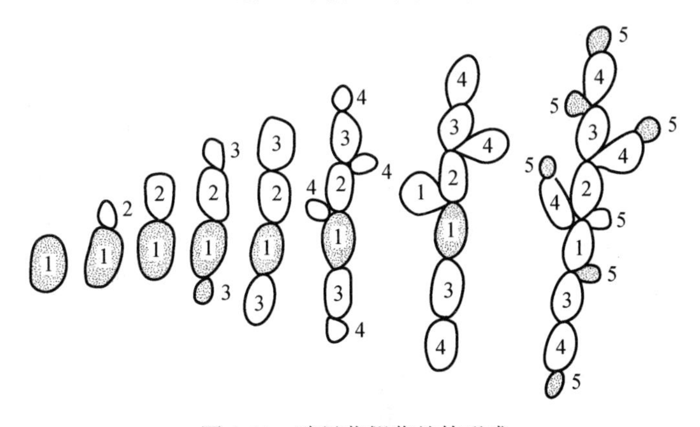

图 1-11　酵母菌假菌丝的形成

图中 1、2、3、4……是出芽的顺序

酵母菌是以形成子囊和子囊孢子的方式进行有性繁殖的。两个邻近的酵母细胞各自伸出一根管状的原生质突起，随即相互接触、融合，并形成一个通道，两个细胞核在此通道内结合，形成双倍体细胞核，然后进行减数分裂，形成4个或8个细胞核。每一子核与其周围的原生质形成孢子，即为子囊孢子，形成子囊孢子的细胞称为子囊，如图1-12所示。

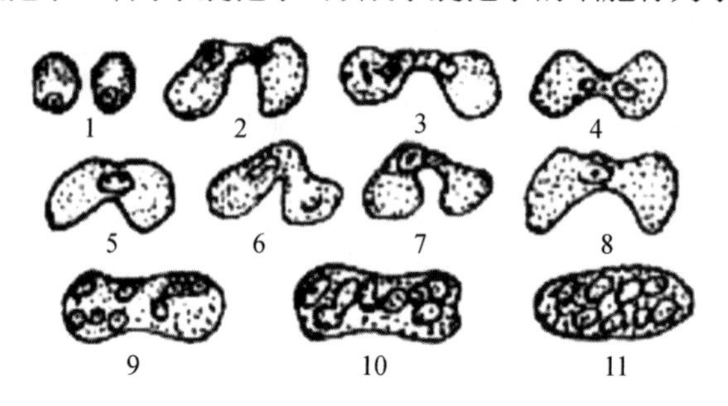

图1-12　酵母菌子囊孢子的形成过程

1、2、3、4．两个细胞结合；5．接合子；6、7、8、9．核分裂；10、11．核形成孢子

四、酵母菌的菌落

大多数酵母菌的菌落特征与细菌相似，但比细菌菌落大而厚，菌落表面光滑、湿润、黏稠，容易挑起，菌落质地均匀，正反面和边缘、中央部位的颜色都很均一，菌落多为乳白色，少数为红色，个别为黑色，如图1-13所示。

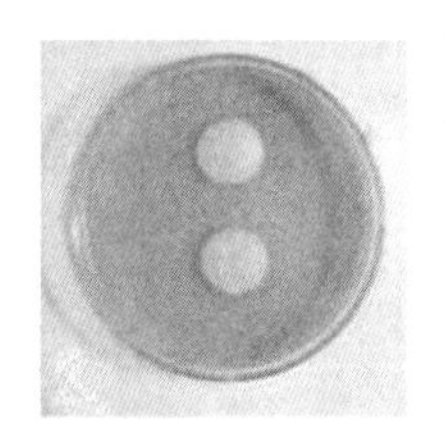

啤酒酵母的菌落

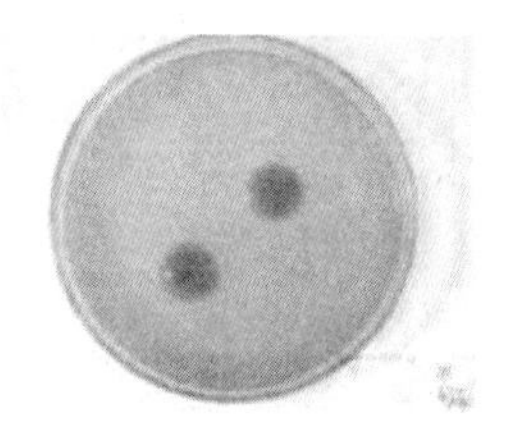

红酵母的菌落

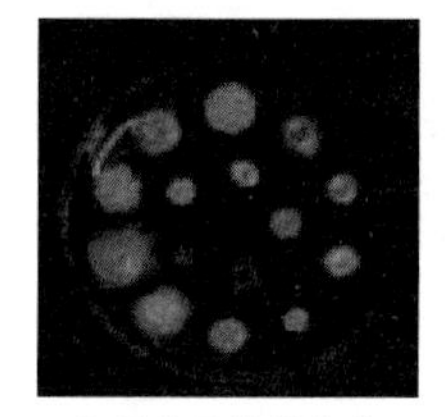

各种酵母菌的菌落

图1-13　酵母菌的菌落

任务实施

一、材料准备

啤酒酵母、假丝酵母、汉逊酵母菌种或装片，香柏油、二甲苯、显微镜、擦镜纸、载玻片、盖玻片、接种环、酒精灯等。

二、操作步骤

1．调试显微镜

显微镜安置、调节光源、低倍镜观察、高倍镜观察、油镜观察。

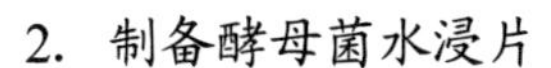

在载玻片中央滴一滴革兰氏染色用的碘液，然后在其上加 3 滴水，取酿酒酵母少许，放在水-碘液滴中，使菌体与溶液混匀，从侧面盖上一片盖玻片（先将盖玻片一边与菌液接触，然后慢慢将盖玻片放下使其盖在菌液上），应避免产生气泡，并用吸水纸吸去多余的水分。

3. 观察酵母菌

在低倍镜、高倍镜和油镜下观察啤酒酵母、假丝酵母、汉逊酵母的形态、结构和生殖方式。

4. 记录

分别在显微镜下进行生物绘图。

三、注意事项

（1）菌液不宜过多或过少，否则在盖盖玻片时，菌液会溢出或出现气泡而影响观察。
（2）盖玻片不宜平着放下，以免产生气泡。
（3）只能用擦镜纸擦镜头，观察完毕后将光源亮度调至最低。

任务测评

酵母菌的观察评价表见表 1-3。

表 1-3　酵母菌的观察评价表

内容	评价标准	分值
显微镜的调节	显微镜视野内的光线均匀、亮度适宜；能按照先低倍后高倍再油镜的顺序调节显微镜；观察对象在视野中心；标本在视野中聚焦，物像清晰；双眼同时睁开观察；操作熟练，能快速找到物像	20
酵母菌的观察	能在显微镜下识别酵母菌的典型形态、基本结构	20
	能在显微镜下识别酵母菌的出芽芽体	20
显微镜用后处理	能用擦镜纸正确清洁油镜（蘸二甲苯）、其他物镜和目镜；能正确填写使用记录单；物镜摆成“八”字形，聚光镜下降，套上镜罩，放回原处	20
生物绘图	能选择有代表性的、典型的细胞、结构进行绘图；客观真实地反映自然状态，具备科学性和真实感；绘制细胞的形态正确、比例适当、清晰美观；能正确标注菌名、放大倍数、特殊结构；线条一笔画出、粗细均匀、光滑清晰，接头处无分叉和重线条痕迹；能用圆点衬阴，表示明暗和颜色的深浅	20
合计		100

任务考核

在显微镜下，酵母菌有哪些突出的特征区别于一般细菌？

任务四 霉菌的观察

任务描述

霉菌在自然界中广泛分布，与食品的关系密切，可用于生产，也可引起食品腐败变质。霉菌的形态结构特点与繁殖方式为今后的发酵食品加工提供了必需的专业基础知识，霉菌的利用与控制决定了很多食品的加工质量。观察与识别各种霉菌，这个任务由你们来完成。

任务要求

知识目标

（1）掌握霉菌的形态结构特点、繁殖方式及菌落特征。
（2）了解霉菌与食品加工的关系。

能力目标

（1）会熟练使用显微镜观察霉菌的形态结构。
（2）具有良好的表达、沟通和团队协作能力。

素质目标

（1）通过对各类霉菌的观察识别，归纳其区别和联系，养成严谨的实验态度。
（2）通过生物制图如实描述显微镜视野下的霉菌形态结构，养成实事求是的工作作风。

基础知识

霉菌其实并不是一个生物分类学的名称，而是一些丝状真菌的通称，即“发霉的真菌”。在潮湿温暖的地方，很多物品上长出一些肉眼可见的绒毛状、絮状或蛛网状的菌落，这就是霉菌。霉菌常用孢子的颜色来称呼，如黑霉菌、红霉菌或青霉菌。霉菌有着极强的繁殖能力，而且繁殖方式也是多种多样的。

霉菌是人类在实践活动中最早利用的一类微生物，如制曲做酱和酱油，用于生产有机酸、抗生素、酶制剂等，但是霉菌也可引起食品腐败变质或产生毒素，影响人体健康。

一、霉菌的形态

霉菌的菌体由分枝或不分枝的菌丝构成，多分枝菌丝相互交织在一起构成菌丝体。菌丝是中空管状结构，直径2～10μm。

1. 按形态分霉菌菌丝的类型（图 1-14）

（1）无隔菌丝：为长管状单细胞，细胞质内含多个核，其生长表现为菌丝的延长和细胞核的增多，这是低等真菌所具有的菌丝类型。

（2）有隔菌丝：菌丝中有隔膜，被隔膜隔开的一段菌丝就是一个细胞，菌丝由多个细胞组成，每个细胞内有一至多个核。隔膜上有单孔或多孔，细胞质和细胞核可自由流通，每个细胞功能相同，这是高等真菌所具有的类型。

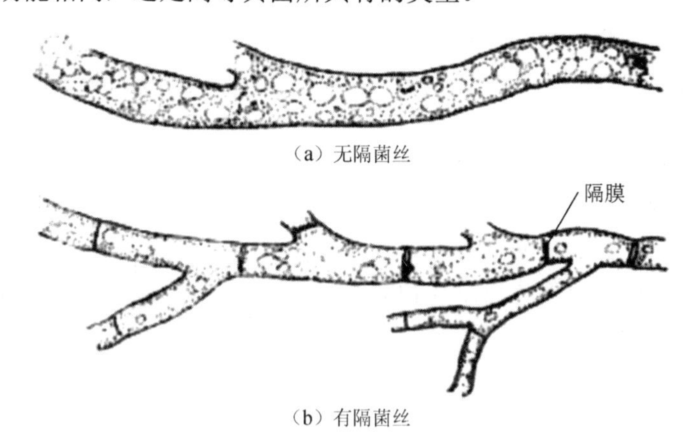

图 1-14　霉菌的无隔菌丝和有隔菌丝

2. 按分化程度分霉菌菌丝的类型（图 1-15）

（1）基内菌丝（营养菌丝）：伸入到培养基内部，以吸收养分为主的菌丝。
（2）气生菌丝：向空中生长的菌丝。
（3）繁殖菌丝：气生菌丝发育到一定阶段可分化成繁殖菌丝。

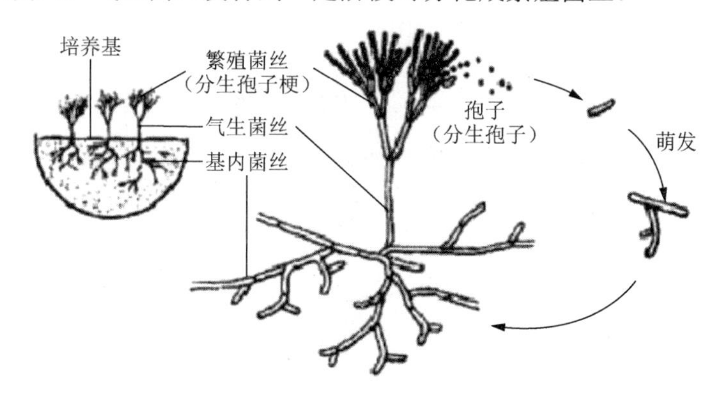

图 1-15　霉菌的基内菌丝、气生菌丝、繁殖菌丝

二、霉菌的结构

霉菌由细胞壁、细胞膜、细胞质、细胞核、线粒体、核糖体、内质网及各种内含物（脂肪滴、异染粒等）等组成。霉菌的细胞膜、细胞核、线粒体、核糖体等结构与其他真核生物（如酵母）基本相同。除少数低等水生霉菌细胞壁含纤维素外，大部分霉菌细胞壁主要由几丁质组成。组成真菌细胞壁的另一类成分为无定型物质，主要是一些蛋白质、甘露聚糖和葡聚糖，它们填充于纤维状物质构成的网内或网外，充实细胞壁的结构。幼龄菌往往液泡小而少，老龄菌具有较大的液泡。

三、霉菌的繁殖

在霉菌中，有性繁殖不如无性繁殖普遍，有性繁殖多发生在特定的条件下，在一般培养基上不常出现，常见的有性孢子有卵孢子、接合孢子、子囊孢子和担孢子。不经过两个性细胞的结合，只是由营养细胞分裂或分化而形成同种新个体的过程是无性繁殖，霉菌的无性繁殖主要通过产生以下 4 种类型的无性孢子来实现。

1. 孢囊孢子

孢囊孢子（图 1-16）由于生于孢子囊内，又称内生孢子。它由气生菌丝顶端膨大形成特殊囊状结构——孢子囊，孢子囊逐渐长大，在囊中形成许多核，每一个核外包以原生质并产生细胞壁，形成孢囊孢子。带有孢子囊的梗称为孢子囊梗，孢子囊梗伸入孢子囊中的部分称为囊轴或中轴。孢子囊成熟后释放出孢子。藻状菌纲毛霉目及水霉目的一些属以这种方式繁殖。

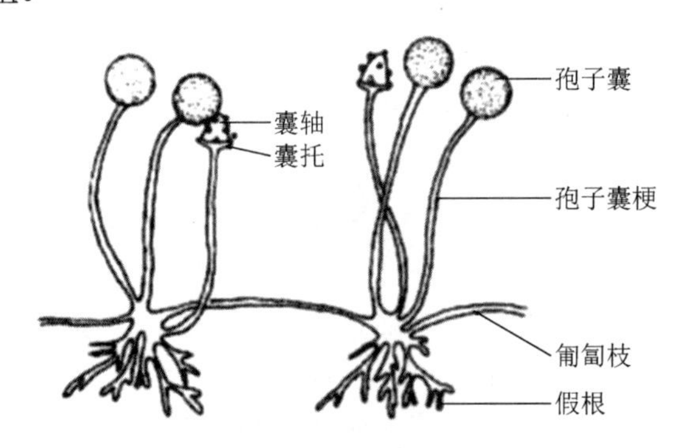

图 1-16 霉菌的孢囊孢子

2. 分生孢子

分生孢子（图 1-17）是霉菌中常见的一类无性孢子，生于细胞外，所以又称外生孢子，是大多数子囊菌纲及全部半知菌的无性繁殖方式。分生孢子是由菌丝顶端细胞，或由分生孢子梗顶端细胞经过分割或缩缢而形成的单个或成簇的孢子。分生孢子的形状、大小、结构、着生方式、颜色因种而异。例如，曲霉属分生孢子梗的顶端膨大成球形的顶囊，孢子着生于顶囊的小梗之上；青霉属分生孢子着生在帚状的多分枝的小梗上；还有些霉菌的分生孢子着生在分生孢子垫或分生孢子器等特殊构造上。

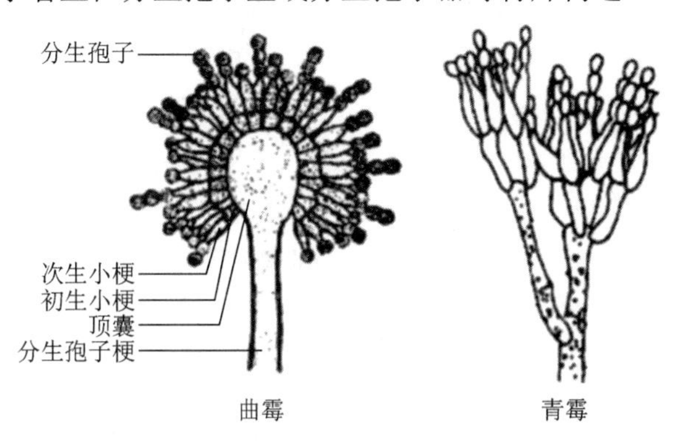

图 1-17　霉菌的分生孢子

3. 节孢子

节孢子是真菌菌丝细胞断裂形成的无性孢子，又称粉孢子。其形成过程是菌丝生长到一定阶段时产生多个横隔膜，将菌丝分隔成多个小节段，并在隔膜处断裂，每个菌丝小节段就是一个节孢子。条件适宜时，每个节孢子均可萌发产生一个新的真菌菌丝体。

4. 厚垣孢子

厚垣孢子具有很厚的壁，又称厚壁孢子。菌丝顶端或中间的个别细胞膨大、原生质浓缩、变圆，然后细胞壁加厚形成圆形、纺锤形或长方形的厚垣孢子。厚垣孢子也是霉菌的休眠体，对热、干燥等不良环境抵抗力很强。

四、霉菌的菌落

霉菌由于菌丝较粗而长，菌丝体疏松，因而所形成的菌落也比较疏松，呈绒毛状、棉絮状或蜘蛛网状。霉菌的菌落一般比细菌和放线菌的菌落大几倍到几十倍。有的霉菌的菌丝蔓延有局限性，在培养基上可见局限性菌落。有的无局限性，可无限伸延，其菌落可扩展到整个培养皿。由于霉菌形成的孢子有不同的形状、构造和颜色，所以菌落表面呈不同结构和色泽。菌落特征是鉴定霉菌的主要依据之一。霉菌菌落的大小、形状、颜色、边缘及菌落表面的状况，如各种纹饰等都是霉菌的重要培养特征。

五、霉菌的代表属

下面主要介绍与食品有关的霉菌代表属，如图 1-18 所示。

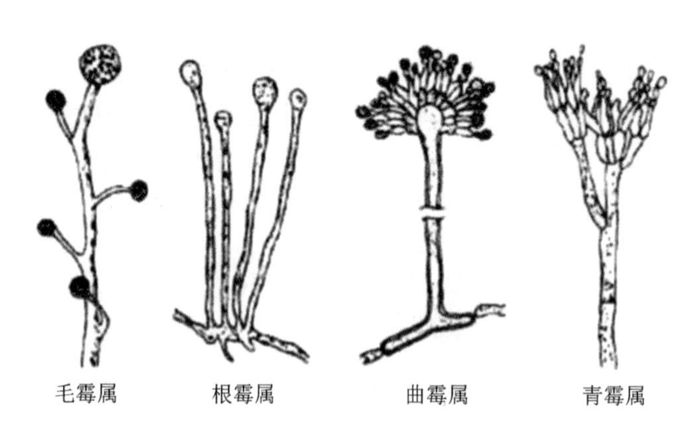

图 1-18　霉菌的代表属

1. 毛霉属

毛霉广泛分布于土壤、空气中，也常见于水果、蔬菜、各类淀粉食物、谷物上，能引起霉腐变质。毛霉是低等真菌，菌丝发达、繁密，为白色、无隔多核菌丝，为单细胞真菌。菌落蔓延性强，多呈棉絮状。无性繁殖产生孢囊孢子，有性繁殖产生接合孢子。

毛霉能产生蛋白酶，具有很强的蛋白质分解能力，多用于制作腐乳、豆豉。有的可产生淀粉酶，把淀粉转化为糖。有些毛霉还能产生柠檬酸。

2. 根霉属

根霉分布于土壤、空气中，常见于淀粉食品上，可引起霉腐变质和水果、蔬菜的腐烂。根霉与毛霉相似，菌丝也为白色、无隔多核的单细胞真菌，多呈絮状。无性繁殖产生孢囊孢子，有性繁殖产生接合孢子。孢子囊和孢囊孢子多为黑色或褐色。

根霉能产生如淀粉酶、果胶酶、脂肪酶等酶类，是生产这些酶类的菌种，有些根霉还能产生乳酸等有机酸。

3. 曲霉属

曲霉广泛分布于土壤、空气和谷物上，可引起谷物和果蔬的霉腐变质，有的可产生致癌性的黄曲霉毒素。曲霉菌丝发达，多分枝，是有隔多核的多细胞真菌。无性繁殖产生分生孢子，大多数有性阶段不明，少数种可形成子囊孢子。

曲霉是制酱、酿酒、制醋的主要菌种，也是生产酶制剂（蛋白酶、淀粉酶、果胶酶）的菌种，还能生产有机酸（如柠檬酸、葡萄糖酸等）。

4. 青霉属

青霉广泛分布于土壤、空气、粮食和水果上，可引起病害或霉腐变质。青霉与曲霉类似，菌丝也由有隔多核的多细胞构成。青霉分生孢子梗从基内菌丝或气生菌丝上生出，有横隔，顶端生有扫帚状的分生孢子头，分生孢子多呈蓝绿色。青霉无性繁殖产生分生孢子，大多数有性阶段不明，少数种可形成子囊孢子。

青霉是生产抗生素的重要菌种，如产黄青霉和点青霉都能生产青霉素。青霉还能生产有机酸，如葡萄糖酸、柠檬酸。

任务实施

一、材料准备

毛霉、根霉、青霉、曲霉菌种或装片，香柏油、二甲苯、显微镜、擦镜纸、载玻片、盖玻片、接种环、酒精灯。

二、操作步骤

1. 霉菌菌落的活体观察

取培养皿用肉眼观察菌落的大小、形态、正反面颜色、质地、饰纹边缘、颗粒物（闭囊壳、菌核等）。

2. 调试显微镜

显微镜安置、调节光源、低倍镜观察、高倍镜观察、油镜观察。

3. 制备霉菌装片

在载玻片中央滴一滴清水，挑一点霉菌放在载玻片上，盖玻片呈45°慢慢盖下，用吸水纸吸掉多余的水分。

4. 镜检霉菌

在低倍镜、高倍镜和油镜下观察毛霉、根霉、青霉、曲霉的形态、结构与生殖方式。

5. 记录

分别对毛霉、根霉、青霉、曲霉绘制显微镜下的形态结构图。

三、注意事项

（1）盖盖玻片时不要平放，以免出现气泡而影响观察。
（2）只能用擦镜纸擦镜头。
（3）观察完毕后将光源亮度调至最低。

任务测评

霉菌的观察评价表见表1-4。

表 1-4　霉菌的观察评价表

内容	评价标准	分值
显微镜的调节	显微镜视野内的光线均匀、亮度适宜；能按照先低倍后高倍再油镜的顺序调节显微镜；观察对象在视野中心；标本在视野中聚焦，物像清晰；双眼同时睁开观察；操作熟练，能快速找到物像	20
霉菌的观察	能在显微镜下识别霉菌的菌丝类型	20
	能在显微镜下区别毛霉、根霉、青霉、曲霉的主要形态特征	20
显微镜用后处理	能用擦镜纸正确清洁油镜（蘸二甲苯）、其他物镜和目镜；能正确填写使用记录单；物镜摆成“八”字形，聚光镜下降，套上镜罩，放回原处	20
生物绘图	能选择有代表性的、典型的细胞、结构进行绘图；客观真实地反映自然状态，具备科学性和真实感；绘制细胞的形态正确、比例适当、清晰美观；能正确标注菌名、放大倍数、特殊结构；线条一笔画出、粗细均匀、光滑清晰，接头处无分叉和重线条痕迹；能用圆点衬阴，表示明暗和颜色的深浅	20
合计		100

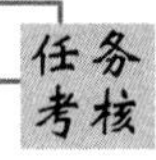

（1）霉菌与人类有哪些密切的关系？
（2）主要根据哪些形态特征来区分毛霉、根霉、青霉和曲霉 4 类霉菌？

任务五　微生物大小的测定

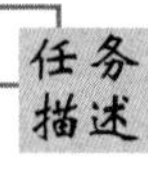

微生物的大小是菌种分类鉴定的主要依据，实验室将为新进的一批菌种建立档案材料，你们的任务是测出这些菌的大小，为实验室提供档案数据。

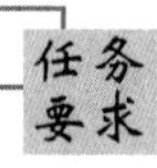

知识目标

（1）掌握显微测微尺的构造。
（2）了解显微测微尺的原理。

能力目标

（1）学会使用显微测微尺测量微生物大小的方法，增强对微生物大小的感性认识。
（2）具有克服困难的能力。

素质目标

（1）通过自学测微尺的构造，培养克服困难的职业意志品质和完成任务的积极态度。

（2）通过小组成员之间的讨论交流、分工合作完成对酵母菌大小的测定，增强团队的凝聚力。

基础知识

微生物细胞的大小，是微生物的形态特征之一，也是分类鉴定的依据之一。菌体很小，只能在显微镜下测量。微生物细胞的大小可使用测微尺测量，测微尺由目镜测微尺和载物台测微尺两部分组成，如图 1-19 所示。

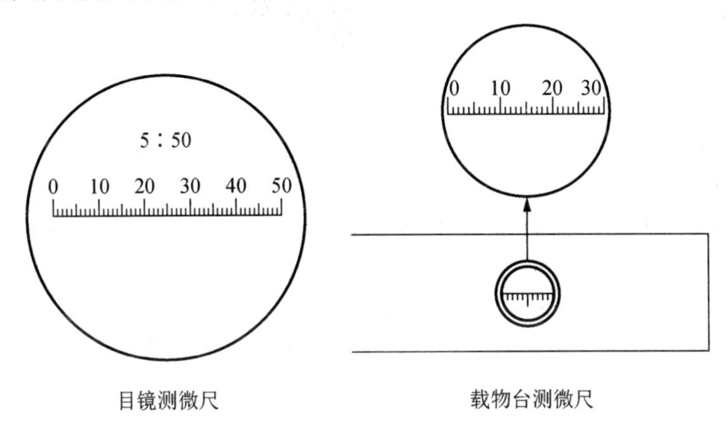

图 1-19　显微测微尺

载物台测微尺是一块在中央有精确刻度尺的载玻片，刻度尺总长 1mm，等分为 100 小格，每小格为 0.01 mm（即 10μm），专门用来标定目镜测微尺在不同放大倍数下每小格的实际长度。目镜测微尺是一块圆形的特制玻片，可放在接目镜内的隔板上，其中央是一个带刻度的尺，等分成 50 或 100 小格。每小格的长度随显微镜的不同放大倍数而改变，测定时需用载物台测微尺进行标定，求出在某一放大倍数时目镜测微尺每小格代表的实际长度，然后用标定好的目镜测微尺测量菌体的大小。

球菌用直径来表示其大小，杆菌则用宽和长的范围来表示。例如，金黄色葡萄球菌直径为 0.8μm，枯草芽孢杆菌大小为（0.7～0.8）μm×（2～3）μm。

任务实施

一、材料准备

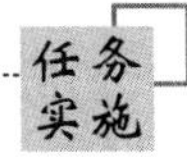

酿酒酵母斜面培养物或枯草芽孢杆菌斜面培养物或玻片标本，无菌滴管、酒精灯、无菌生理盐水、接种环、香柏油、二甲苯、显微镜、目镜测微尺、载物台测微尺、擦镜纸等。

视频：微生物大小的测定

二、操作步骤

操作视频参看二维码。

1. 目镜测微尺的标定

目镜测微尺每格实际代表的长度随使用目镜和物镜的放大倍数而改变，因此目镜测微尺不能直接用来测量微生物的大小，在使用前必须用载物台测微尺进行标定，以求得在一定放大倍数的目镜和物镜下该目镜测微尺每小格的相对值，然后才可用来测量微生物的大小。

（1）放置目镜测微尺：取出目镜，旋开目镜，将目镜测微尺放在目镜镜筒内的隔板上（有刻度的一面向下），然后旋上目镜，再将目镜插入镜筒内。

（2）放置载物台测微尺：将载物台测微尺刻度面向上放在显微镜载物台上。

（3）标定（校正）目镜测微尺：按低倍镜、高倍镜、油镜的顺序，使两种测微尺某一区间的两对刻度线完全重合。先用低倍镜观察，将载物台测微尺有刻度的部分移至视野中央，调节焦距，当清晰地看到载物台测微尺的刻度后，移动载物台测微尺和转动目镜测微尺，使两者刻度相平行，并使两者间某一段的起、止线完全重合，然后分别数出两条重合线之间的格数，即可求出目镜测微尺每小格的实际长度。用同样的方法分别测出用高倍镜和油镜测量时目镜测微尺每格所代表的实际长度（图 1-20）。

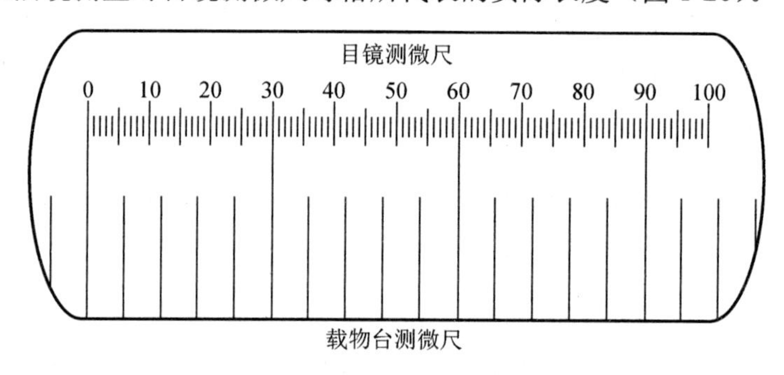

图 1-20　目镜测微尺的标定

观察时光线不宜过强，否则难以找到载物台测微尺的刻度。换高倍镜和油镜校正时，务必十分细心，防止接物镜压坏载物台测微尺和损坏镜头。

2. 计算方法

标定公式：目镜测微尺每格的长度（μm）=两重合线间载物台测微尺格数×10/两重合线间目镜测微尺格数。

例如，目镜测微尺 20 个小格等于载物台测微尺 3 小格，已知载物台测微尺每格为 10μm，则 3 小格的长度为 3×10=30μm，那么相应地在目镜测微尺上每小格长度为 3×10÷20=1.5μm。用以上计算方法分别校正低倍镜、高倍镜及油镜下目镜测微尺每格的实际长度。

3. 菌体大小的测定

（1）将酵母菌斜面制成一定浓度的菌悬液。

（2）取一滴酵母菌菌悬液制成水浸片。

（3）移去载物台测微尺，换上酵母菌水浸片，先在低倍镜下找到目的物，然后在高倍镜下用目镜测微尺来测量酵母菌菌体的长、宽各占几格（不足一格的部分估计到小数点后一位数）。测出的格数乘上目镜测微尺每格的校正值，即等于该菌的长和宽。一般测量菌体的大小要在同一个标本片上测定 10～20 个菌体，求出平均值，才能代表该菌的大小，而且一般是用对数生长期的菌体进行测定。

例如，目镜测微尺在这架显微镜下，每格相当于 1.5μm，测量的结果，若菌体的平均长度相当于目镜测微尺的 2 格，则菌体长应为 2×1.5μm=3.0μm。

4. 复原归位

取出目镜测微尺，将接目镜放回镜筒，再将目镜测微尺和载物台测微尺分别用擦镜纸擦拭后，放回盒内保存。

5. 记录

1）目镜测微尺标定结果

低倍镜下_______倍目镜测微尺每格长度是_______ μm；高倍镜下_______倍目镜测微尺每格长度是_______ μm；油镜下_______倍目镜测微尺每格长度是_______ μm。

2）菌体大小测定结果

将菌体大小测定结果填入表 1-5。

表 1-5　菌体大小测定结果记录表

菌号	酿酒酵母测定结果		枯草芽孢杆菌测定结果			
	目镜测微尺格数	实际直径/μm	目镜测微尺格数		实际长度/μm	
			长	宽	长	宽
1						
2						
3						
4						
5						
均值						

三、注意事项

（1）载物台测微尺玻片很薄，在标定油镜时要格外小心，以免压碎载物台测微尺或损坏镜头。

（2）标定目镜测微尺时要注意准确对正目镜测微尺与载物台测微尺的重合线。

（3）观察时光线不宜过强，否则难以找到载物台测微尺的刻度。

任务测评

微生物大小的测定评价表见表1-6。

表1-6　微生物大小的测定评价表

内容	评价标准	分值
目镜测微尺的标定	能正确放置目镜测微尺和载物台测微尺；会使用载物台测微尺标定目镜测微尺，测出用高倍物镜和油镜测量时目镜测微尺每格所代表的实际长度，结果记录准确，标定公式使用正确，观察时光线适宜	35
酵母菌大小测定	能将酵母菌菌悬液制成水浸片；会使用目镜测微尺测定酵母菌的大小，结果记录真实	35
测微尺、显微镜用后处理	正确清洁、归位测微尺，无损坏；正确清洁物镜和目镜；正确填写使用记录；取下玻片，物镜成“八”字形，聚光镜下降，套上镜罩，放回原处	30
合计		100

任务考核

（1）为什么更换不同放大倍数的物镜时必须重新用载物台测微尺对目镜测微尺进行标定？

（2）若目镜不变，目镜测微尺也不变，只改变物镜，那么目镜测微尺每格所测量的载物台上的菌体细胞的实际长度（或宽度）是否相同？为什么？

（3）根据测量结果，为什么同种酵母菌的菌体大小不完全相同？

项目二 微生物的制片染色

细菌的涂片和染色是微生物学实验中的一项基本技术，也是观察细菌最简单且行之有效的方法。通常情况下，细菌个体较小，较透明或半透明，如未经染色往往不易观察识别。借助于染色法可以使细菌着色，与视野背景形成鲜明对比，从而易于在显微镜下进行观察。常见的染色方法包括简单染色、负染色、革兰氏染色、芽孢染色、鞭毛染色、荚膜染色、死活染色。制备细菌染色片一般要经过涂片、固定、染色、水洗、干燥等步骤，然后用显微镜甚至油镜观察。染色法在细菌的观察、分类、鉴定中经常用到，因此是微生物检测人员不可或缺的基本技能之一。

任务一 细菌的简单染色

任务描述

细菌的细胞小而透明，在普通的光学显微镜下不易识别，必须对它们进行染色，使经染色后的菌体与背景形成明显的色差，从而能更清楚地观察到其形态和结构，这个染色环节由你们来完成。

任务要求

知识目标

（1）了解简单染色的原理与目的。
（2）掌握无菌操作的实质与内涵。

能力目标

（1）掌握微生物制片技术。
（2）掌握细菌简单染色操作技术。

素质目标

（1）通过无菌操作，增强无菌意识。
（2）增强自身的安全意识。

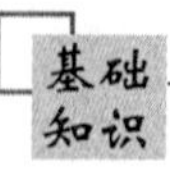

一、简单染色法

微生物细胞含有大量水分，机体是无色透明的，与周围背景没有明显的反差，必须进行染色，使经染色后的菌体与背景形成明显的色差，从而能更清楚地观察到其形态结构。

微生物中细菌、致病菌是很小的生物体，必须通过染色的方法，在显微镜下才能看得清楚，并且还可以通过染色的方法鉴别革兰氏染色特性，以及是否长有鞭毛、周毛、荚膜和芽孢等。简单染色法利用单一染料对细菌进行染色，使经染色后的菌体与背景形成明显的色差，从而能更清楚地观察到其形态和结构。此法操作简便，适用于菌体一般形状和细菌排列的观察。

常用碱性染料进行简单染色，这是因为在中性、碱性或弱酸性溶液中，细菌细胞通常带负电荷，而碱性染料在电离时，其分子的染色部分带正电荷，因此碱性染料的染色部分很容易与细菌结合使细菌着色。常用作简单染色的染料有美蓝、结晶紫、碱性复红等。碱性染料并不是碱，和其他染料一样是一种盐，电离时染料离子带正电，易与带负电荷的细菌结合而使细菌着色。例如，美蓝（亚甲蓝）实际上是氯化亚甲蓝盐，它可被电离成正、负离子，带正电荷的染料离子可使细菌细胞染成蓝色。经染色后的细菌细胞与背景形成鲜明的对比，在显微镜下更易于识别。当细菌分解糖类产酸使培养基 pH 下降时，细菌所带正电荷增加，此时可用伊红、酸性复红或刚果红等酸性染料染色。

染色前必须固定细菌。其目的有 3 个：一是杀死细菌，固定细胞结构；二是保证菌体能更牢地黏附在载玻片上，防止标本被水冲洗掉；三是改变细胞的通透性，因为死的原生质比活的原生质易于染色，增加了菌体对染料的亲和力。加热固定使细菌细胞的蛋白质凝固，从而固定细菌细胞形态，并使之牢固黏附在载玻片上。

二、无菌操作的基本技术

培养容器表面不是无菌的，在取菌时取下或盖上棉塞时，要马上把容器上口和棉塞在火焰上过一下。移送培养液要使用预先准备好的无菌吸管或移液枪。由于取菌时打开器皿就可能引起器皿内部被环境中的其他微生物污染，因此微生物实验的所有操作均应在无菌条件下进行，其要点是在火焰附近进行熟练的无菌操作，或在无菌接种箱或操作室内无菌环境下进行操作。

1. 工具

常用工具有接种针、接种环和接种钩等（图 2-1）。这些工具一般采用易于迅速加热和冷却的镍铬合金等金属制备，使用时用火焰灼烧灭菌，而转移液体培养物可采用无菌吸管和移液枪。

2. 步骤

涂片要求无菌操作（图 2-2）。

（1）点燃酒精灯，灼烧接种环，反复烧红 3 次，冷却。
（2）在火焰旁无菌区内，拔去棉塞。
（3）将试管管口过火灭菌。
（4）将接种环深入试管，挑取斜面适量菌种。
（5）将试管管口、棉塞过火。
（6）塞好棉塞，将试管放到试管架上。
（7）将细菌在生理盐水中涂布均匀。
（8）将接种环火焰上灼烧，彻底灭菌。

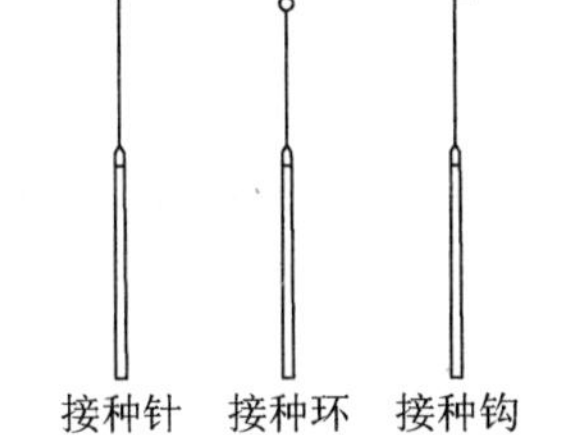

图 2-1　接种针、接种环和接种钩

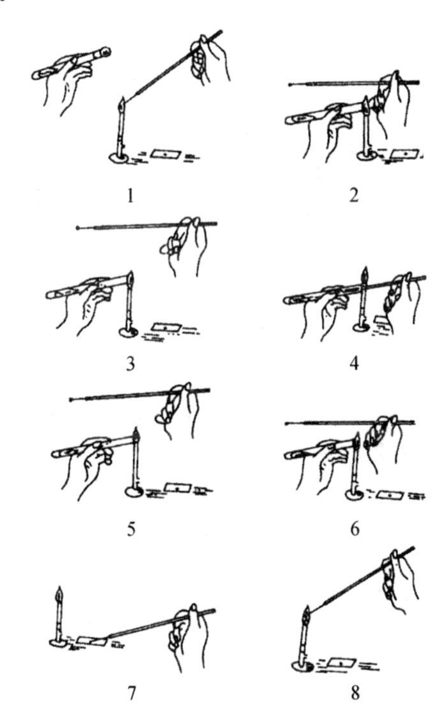

图 2-2　涂片无菌操作过程

1. 灼烧接种环；2. 拔去棉塞；3. 烘烤试管口；4. 挑取少量菌体；
5. 再烘烤试管口；6. 将棉塞塞好； 7. 做涂片；8. 烧去残留菌体

任务实施

一、材料准备

1. 菌种

枯草芽孢杆菌 12～18h 营养琼脂斜面培养物或大肠杆菌 24h 营养琼脂斜面培养物。

2. 仪器或其他用品

显微镜、酒精灯、火柴、载玻片、接种环、玻片搁架、香柏油和二甲苯、擦镜纸、生理盐水或蒸馏水、废液缸、洗瓶、吸水纸、镊子、酒精棉球等。

3. 简单染色液

吕氏碱性美蓝染液、石炭酸复红染液或草酸铵结晶紫染液。

二、操作步骤

视频：细菌的简单染色

具体操作视频参看二维码。

1. 涂片

取洁净载玻片，在中央滴一滴生理盐水（或无菌水），用接种环以无菌操作挑取欲观察的菌体，和水充分混匀，涂成直径约 1cm 极薄的菌膜。对于液体培养物或固体培养物中洗下制备的菌液，则直接将其涂布于载玻片上即可。

2. 干燥

将涂片置火焰高处微热烘干或自然干燥，也可用电吹风低温吹干。

3. 固定

手持（或试管夹夹住）已干燥的涂有菌膜的载玻片，涂面朝上，快速通过酒精灯火焰 2 至 3 次（勿使涂片烫手）。

4. 染色

将热固定的细菌涂片平放在载玻片架上，待载玻片冷却后滴加染料 1～2 滴于涂片上，覆盖涂面染色 1～2min。

5. 水洗

将涂片上染液倒入废液缸中；手持细菌染色涂片，置于废液缸上方，用洗瓶中自来水冲洗，自载玻片一端轻轻冲洗至流下的水变无色为止。

6. 干燥

自然干燥或吸水纸吸干，或用电吹风吹干。

7. 镜检

先低倍镜，再高倍镜，找到样品区域，将载物台下降，油镜转到工作位置。在待观察的样品区域加滴香柏油，从侧面注视，将载物台小心地上升，使油镜浸在镜油中，然

后用细调节螺旋调节，在油镜下观察菌体形态、染色结果并绘图。

8. 实验完毕后的处理

用擦镜纸拭去镜头上的镜油，然后用擦镜纸蘸少许二甲苯（香柏油溶于二甲苯）擦去镜头上残留的油迹，最后用干净的擦镜纸擦去残留的二甲苯；显微镜关闭电源，套上镜罩，按号放入显微镜柜中；染色玻片放入装有灭菌液的回收容器内；清理实验台，归还实验物品。

三、注意事项

（1）载玻片要洁净无油迹；滴生理盐水和取菌不宜过多；涂片要涂抹均匀，不宜过厚。

（2）火焰固定不宜过热，以玻片不烫手为宜，否则菌体细胞变形。

（3）染液刚好覆盖涂片薄膜为宜，合理控制染色时间。

（4）水洗时不要直接冲洗涂面，而应使水从载玻片的一端流下。水流不宜过急、过大，以免涂片薄膜脱落。

（5）干燥后的标本才可镜检，玻片放置位置正确，防止压碎，镜检时应以视野内分散细胞的染色反应为标准。

（6）显微镜注意小心轻拿，油镜头务必清洁干净，带菌的玻片应灭菌后再清洗。

任务测评

细菌的简单染色评价表见表2-1。

表2-1　细菌的简单染色评价表

内容	评价标准	分值
涂片	载玻片洁净无油迹；滴生理盐水和取菌量适宜；涂片涂抹均匀，不厚	10
干燥	离火焰不能太近，温度不能太高，载玻片背面不烫手	10
固定	热固定动作迅速，温度不能过高	10
染色	染液刚好覆盖涂片薄膜，染色时间合理	10
水洗	水流没有直接冲洗涂面，水流不是过急、过大，涂片薄膜没有脱落	10
干燥	吸水纸吸干时没有擦去菌体	10
镜检	涂片完全干燥后，先低倍镜，再高倍镜，然后用油镜观察菌体细胞的形态；油镜下检查染色结果正确	20
无菌操作	手消毒方法正确，酒精灯旁操作、接种环灭菌方法规范，接种前后试管口过火，棉塞放置位置正确，手握斜面姿势标准等	10
实验后的处理	浸过油的镜头应擦拭干净；显微镜应小心轻拿，按号放入显微镜柜中；应及时清理实验台，归还实验物品	10
合计		100

（1）染色过程中哪些步骤体现了无菌操作？

（2）涂片后为什么要进行固定？固定时应注意什么？

（3）你认为制备细菌染色标本时，应注意哪些环节？

任务二　细菌的革兰氏染色

任务描述

实验室有两管菌种，分别是大肠杆菌和枯草芽孢杆菌，请你们通过染色的方法进行菌种的鉴别。

任务要求

知识目标

（1）理解革兰氏染色的原理与目的。

（2）掌握无菌操作的实质与内涵。

能力目标

（1）学会革兰氏染色的规范操作。

（2）掌握无菌操作技术。

（3）具有发现问题、解决问题的能力。

素质目标

通过革兰氏染色的过程考核，加强双手消毒、接种环灼烧、管口过火等无菌操作意识。

基础知识

革兰氏染色法是细菌学中广泛使用的一种鉴别染色法，是 1884 年由丹麦病理学家 C.Gram 所创立的。细菌先经碱性染料结晶紫染色，而后经碘液进行媒染，之后用乙醇脱色，在一定条件下有的细菌媒染后的颜色不会脱去，有的可以被脱去，前者称为革兰氏阳性菌，后者称为革兰氏阴性菌。为方便进一步观察，脱色后再用碱性番红进行复染，阳性菌仍为紫色，阴性菌染成红色。革兰氏染色法可将所有的细菌区分为革兰氏阳性菌（G^+菌）和革兰氏阴性菌（G^-菌）两大类，是细菌学上最常用的一种重要的鉴别染色法。革兰氏染色包括初染、媒染、脱色、复染，主要步骤如图 2-3 所示。

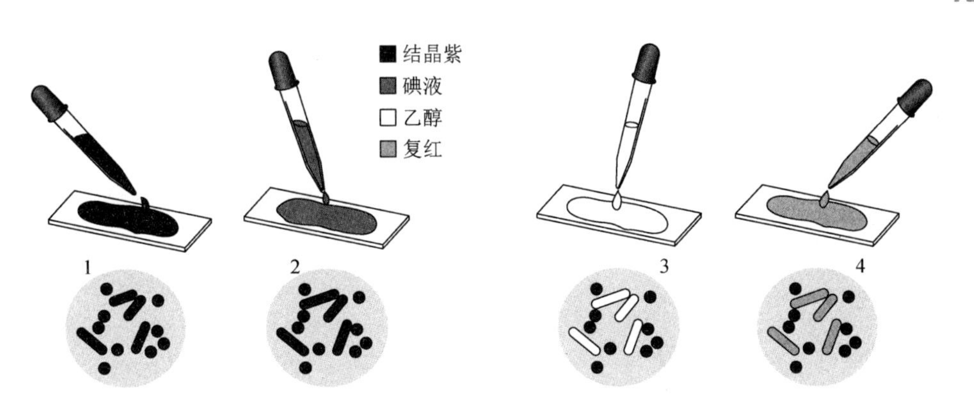

图 2-3　革兰氏染色的步骤

1．初染；2．媒染；3．脱色；4．复染

革兰氏染色法之所以能将细菌分为 G^+菌和 G^-菌，是由这两类菌的细胞壁结构和成分不同所决定的。第一步，结晶紫使菌体着上紫色；第二步，碘和结晶紫形成大分子复合物，分子大，能被细胞壁阻留在细胞内；第三步，乙醇脱色，若细胞壁成分和构造不同，将出现不同的反应。

G^+菌：细胞壁厚，肽聚糖含量高，交联度大，当乙醇脱色时，肽聚糖因脱水而孔径缩小，故结晶紫-碘复合物被阻留在细胞内，细胞不能被乙醇脱色，仍呈紫色。

G^-菌：肽聚糖层薄，交联松散，乙醇脱色不能使其结构收缩，因其含脂量高，乙醇将脂溶解，缝隙加大，结晶紫-碘复合物溶出细胞壁，乙醇将细胞脱色，细胞无色，复红复染后呈红色。

革兰氏染色碱性染料初染液的作用像在细菌的单染色法基本原理中所述的那样，而用于革兰氏染色的初染液一般是结晶紫。媒染剂的作用是增加染料和细胞之间的亲和性或附着力，即以某种方式帮助染料固定在细胞上，使其不易脱落，碘是常用的媒染剂。脱色剂是将被染色的细胞进行脱色，不同类型的细胞脱色反应不同，有的能被脱色，有的则不能，脱色剂常用 95%的乙醇。复染液也是一种碱性染料，其颜色不同于初染液，复染的目的是使被脱色的细胞染上不同于初染液的颜色，而未被脱色的细胞仍然保持初染的颜色，从而将细胞区分成 G^+和 G^-两大类群，常用的复染液是复红。

任务实施

一、材料准备

1．菌种

培养 12～16h 的枯草芽孢杆菌，培养 24h 的大肠杆菌。

2．染色液和试剂

草酸铵结晶紫染液、革兰氏碘液、95%乙醇、番红染液或复红、香柏油和二甲苯、生理盐水或无菌水等。

3. 器材

废液缸、玻片搁架、洗瓶、载玻片、接种环、酒精灯、擦镜纸、显微镜、火柴、酒精棉球、吸水纸、镊子等。

二、操作步骤

视频：细菌的革兰氏染色

具体操作视频参看二维码。

（1）涂片：取一洁净载玻片，先滴一小滴蒸馏水于载玻片中央，然后用接种环以无菌操作取少量菌体轻轻混入水中，涂成一薄层并使细胞均匀分散涂片太厚有可能将革兰氏阴性菌染成紫色，涂片太薄则可能将革兰氏阳性菌染成红色。

（2）干燥：在空气中令其自然干燥或在酒精灯火焰上端高处微微加温，但勿靠近火焰。

（3）固定：把涂有细菌的面朝上，在酒精灯火焰上通过 3 次，目的是杀死菌体细胞及改变对染色剂的通透性，同时使涂片的菌体紧贴载玻片而不易被水冲洗脱落。热固定温度不易过高，以载玻片背面不烫手为宜，否则会改变甚至破坏细胞形态。

（4）初染：用草酸铵结晶紫染液初染 1min，以刚好完全覆盖菌膜为宜，水洗，吸干。倾去染色液，细水冲洗至洗出液为无色，将载玻片上的水甩净。

（5）媒染：加一滴革兰氏碘液媒染 1min，水洗（此时结晶紫与碘液生成复合物）。所有染液应防止因蒸发而改变浓度，特别是革兰氏碘液久存或受光作用后失去媒染作用。

（6）脱色：斜置载玻片，用 95%乙醇冲洗 20～30s，立即水洗，吸干。用滤纸吸去玻片上的残水，将玻片倾斜，在白色背景下，用滴管流加 95%的乙醇脱色，直至流出的乙醇无紫色时，立即水洗，终止脱色，将载玻片上的水甩净。脱色时间长短要适宜，如果涂片较厚应相应地延长脱色时间，如涂片较薄则相应地缩短脱色时间，脱色时应不断旋转玻片，使其充分脱色，通常脱到无紫色乙醇流下即可。

（7）复染：用番红染液复染 1～2min，水洗。

（8）干燥：自然干燥或吸水纸吸干，或用电吹风吹干。

（9）镜检：先低倍镜，再高倍镜，找到要观察的样品区域后，用粗调节螺旋将载物台下降，然后将油镜转到工作位置。在待观察的样品区域加滴香柏油，从侧面注视，用粗调节螺旋将载物台小心地上升，使油镜浸在镜油中并几乎与标本相接。然后用细调节螺旋调节，在显微镜油镜下检查革兰氏阳性菌和革兰氏阴性菌染色的差异，并观察菌体形态。以分散开的细菌的革兰氏染色反应为准，过于密集的细菌，常常呈假阳性。革兰氏阴性菌呈红色，革兰氏阳性菌呈紫色。

三、注意事项

（1）涂片不宜过厚，勿使细菌密集重叠，影响脱色效果，否则脱色不完全造成假阳性。镜检时应以视野内分散细胞的染色反应为标准。

（2）火焰固定不宜过热，以玻片不烫手为宜，否则菌体细胞变形。

（3）滴加染色液与乙醇时一定要覆盖整个菌膜，否则部分菌膜未受处理，也可造成假象。

（4）乙醇脱色是革兰氏染色操作的关键环节。如脱色过度，则 G^+菌被误染成 G^-菌；而脱色不足，G^-菌被误染成 G^+菌。在染色方法正确无误的前提下，菌龄过长、死亡或细胞壁受损伤的 G^+菌也会呈阴性反应，故革兰氏染色要用活跃生长期的幼龄培养物。

（5）染色的时间应根据季节、气温调整。一般冬季时间可稍长些，夏季稍短些。

（6）染色时，最好同时用大肠杆菌和金黄色葡萄球菌作为阴性菌和阳性菌的对照。

（7）水洗后应吸去玻片上的残水，以免染色液被稀释而影响染色效果。

（8）选用幼龄的细菌。G^+菌培养 12～16h，大肠杆菌培养 24h。若菌龄太老，菌体死亡或自溶常使革兰氏阳性菌转呈阴性反应。

任务测评

细菌的革兰氏染色评价表见表 2-2。

表 2-2　细菌的革兰氏染色评价表

内容	评价标准	分值
涂片	载玻片要洁净无油迹；滴蒸馏水和取菌量不能过多；涂片均匀，厚薄适宜，菌膜刚好能透过字迹（半透明）	10
干燥	离火焰不能太近，温度不能太高，载玻片背面不烫手	10
固定	热固定动作迅速，温度不能过高	10
初染	草酸铵结晶紫染液初染 1min，染色时间合理，染液刚好覆盖菌膜，水洗时没有直接冲洗菌膜，水流不大	5
媒染	革兰氏碘液媒染 1min，染色时间合理，染液刚好覆盖菌膜，水洗时没有直接冲洗菌膜，水流不大	5
脱色	95%乙醇脱色 20～30s，脱色时间合理，水洗时没有直接冲洗菌膜，水流不大	5
复染	番红染液复染 1～2min；染色时间合理，染液刚好覆盖菌膜，水洗时没有直接冲洗菌膜，水流不大	5
干燥	吸水纸吸干时不能擦去菌体	10
镜检	涂片完全干燥后，先在低倍镜，再在高倍镜，然后在油镜下观察菌体细胞的形态，油镜下检查革兰氏阳性菌和革兰氏阴性菌染色结果正确，细胞均匀分散	10
无菌操作	手消毒方法正确，酒精灯旁操作、接种环灭菌方法规范，接种前后试管口过火，棉塞放置位置正确，手握斜面姿势标准等	20
实验后的处理	将浸过油的镜头擦拭干净；显微镜小心轻拿，按号放入显微镜柜中；清理实验台，归还实验物品	10
合计		100

（1）进行革兰氏染色时为什么特别强调菌龄不能太老？用老龄细菌染色会出现什么问题？

（2）革兰氏染色乙醇脱色后复染之前，革兰氏阳性菌和革兰氏阴性菌应分别是什么颜色？

（3）你认为哪些环节会影响革兰氏染色结果的准确性？其中最关键的环节是什么？

任务三　细菌的芽孢染色

任务描述

用加热法保存食品时，芽孢往往会造成保存的失败。这是因为芽孢极耐热，一般加热法不能把它杀死，它萌发成营养细胞后大量繁殖，会导致食品腐败变质。为了检测灭菌的效果，需要对培养物进行染色观察，查找是否存在芽孢状态，这个环节由你们来完成。

任务要求

知识目标

（1）理解细菌芽孢染色的原理及研究芽孢的意义。

（2）掌握芽孢的概念与特性。

能力目标

（1）掌握细菌芽孢染色的规范操作技术。

（2）具有发现问题、解决问题的能力。

素质目标

（1）通过两种芽孢染色方法的操作比较，培养科学探究精神。

（2）通过小组染色结果评价，增强竞争意识。

基础知识

一、芽孢的概念

某些细菌在其生长的一定阶段，在细胞内形成一个圆形或椭圆形的结构，对不良环境条件具有较强的抗性，这种休眠体即称芽孢或孢子。带有芽孢的菌体称芽孢体，未形成芽孢的菌体称繁殖体。能否形成芽孢是细菌种的特征，能产生芽孢的杆菌主要有好气

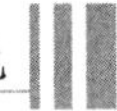

性的芽孢杆菌属和厌气性的梭状芽孢杆菌属。一个营养细胞内只能形成一个芽孢，而一个芽孢也只产生一个营养体。芽孢是细菌生活史中的一环，是细菌的休眠体，而不是一种繁殖方式。

芽孢具有厚而致密的壁，不易着色，在相差显微镜下呈现折光性很强的小体。用芽孢染色法染色后，普通光学显微镜下也可看见。利用电子显微镜，不仅可以观察各种芽孢的表面特征（有的光滑、有的具有脉纹或沟嵴），而且能看到一个成熟的芽孢具有核心、内膜、初生细胞壁、皮层、外膜、外壳层及外孢子囊等多层结构。

芽孢是生命世界中抗逆性最强的一种构造，在耐热、耐化学药物和抗辐射等方面表现十分突出。有的芽孢，在一定条件下可保持活力数年至数十年之久。芽孢尤其能耐高温，如枯草芽孢杆菌的芽孢在沸水中可存活 1h，破伤风芽孢杆菌的芽孢可存活 3h，而肉毒梭状芽孢杆菌的芽孢则可存活 6h 左右，即使在 180℃的干热中，仍可存活 10min。芽孢之所以具有较强的抗逆境能力与其含水量低（38%～40%）、壁厚而致密（分 3 层）、芽孢中 2, 6-吡啶二羧酸含量高及含耐热性酶等多种因素有关。

二、研究芽孢的意义

芽孢的有无、形态、大小和着生位置等是细菌分类和鉴定中的重要形态学指标。例如，巨大芽孢杆菌、枯草芽孢杆菌、炭疽芽孢杆菌等的芽孢位于菌体中央，呈卵圆形，比菌体小；丁酸梭菌等的芽孢位于菌体中央，呈椭圆形，直径比菌体大，使孢子囊两头小中间大而呈梭形；破伤风梭菌的芽孢位于菌体一端，呈正圆形，直径比菌体大，孢子囊呈鼓槌状。

芽孢是微生物学上的重要发现，是否能杀灭芽孢是衡量和制定各种消毒灭菌标准的主要依据，由于芽孢具有很强的抗性，因此在生产实践中都以是否能杀死抗性最强的芽孢来评定高温灭菌及某些化学杀菌剂的效果。芽孢较之营养细胞对不良环境抗性强得多，常常给科研和生产造成很大损失。但在适宜条件下，芽孢因萌发会丧失抵抗力。因此促进芽孢萌发可以有效消灭和控制有害微生物，尤其对于发酵工业和食品工业无疑是十分必要的。

芽孢对不良环境有很强的抵抗力，可以保持生命力达数十年之久，在自然界可使细菌度过恶劣的环境。在实验室，芽孢是保存菌种的好材料。芽孢独特的产生方式，使其成为研究形态发生和遗传控制的好材料。将含菌悬浮液进行热处理，杀死所有营养细胞，可以筛选出形成芽孢的细菌种类。

芽孢杆菌中有些种，如苏云金芽孢杆菌等形成芽孢的同时，可以产生一种双锥形的结晶内含物，称为伴孢晶体，这是一种蛋白质毒素，可以杀死某些昆虫（特别是鳞翅目）的幼虫。蛋白质晶体的毒性是有高度专性的，对其他动物与植物完全没有毒性，是一种理想的生物杀虫剂材料。

三、芽孢染色法

细菌的芽孢具有厚而致密的壁，透性低，不易着色，一般染色法只能使菌体着色而芽孢不着色，芽孢呈无色透明状。虽然芽孢在革兰氏染色片中可以看到，但在不易清晰观察时，可用特殊的芽孢染色法，使芽孢与菌体呈现不同的颜色，便于观察。

芽孢染色法就是根据芽孢既难以染色而一旦染上色后又难以脱色这一特点而设计的。可以利用细菌的芽孢和菌体对染料的亲和力不同的原理，用不同染料进行着色，使芽孢和菌体呈不同的颜色而便于区别。芽孢壁厚、透性低，着色、脱色均较困难，因此，用着色力强的染色剂孔雀绿或石炭酸复红，在加热条件下染色，染料不仅进入菌体也可进入芽孢内，进入菌体的染料经水洗后被脱色，而芽孢一经染色就难以被水洗脱，当用对比度大的复染剂染色后，芽孢仍保留初染剂的颜色，而菌体和芽孢囊被染成复染剂的颜色，使芽孢和菌体更易于区分。

主要的芽孢染色法有孔雀绿染色法和石炭酸复红染色法。

孔雀绿染色法的具体步骤：首先将生有芽孢的斜面菌苔按革兰氏染色法涂片后，用饱和孔雀绿水溶液染色 10min，然后用自来水冲洗，冲洗完后用 0.5%番红染液复染 30s，用水洗，吸干，即可镜检，镜检时芽孢呈绿色，菌体和芽孢囊呈微红色。

石炭酸复红染色法的具体步骤：首先按常规涂片，然后滴加石炭酸复红于涂片上，并于玻片下缓缓加热，使染液冒蒸汽但不沸腾，并继续滴加染液，不使涂片上染液蒸干，这样保持 5min。待涂片冷却后，倾去染液，用酸性乙醇脱色至无红色染剂洗脱为止，接着彻底水洗，洗后用吕氏美蓝复染 2～3min，水洗吸干后即可进行镜检，镜检时菌体及芽孢囊呈蓝色，芽孢呈红色。

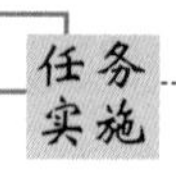

一、材料准备

1. 菌种

枯草芽孢杆菌约 2d 营养琼脂培养物。

2. 染色液和试剂

孔雀绿水溶液、番红染液、生理盐水等。

3. 器材

试管夹、酒精灯、接种环、载玻片、显微镜、甘油、擦镜纸、酒精棉球、烧杯、火柴、试管、滴管等。

二、操作步骤

具体操作视频参看二维码。

视频：细菌的芽孢染色

1. 常规的 Schaeffer-Fulton 氏染色法

（1）制片：按常规涂片、干燥、固定。

（2）染色：加孔雀绿水溶液 3～5 滴于涂片上，用试管夹夹住载玻片一端，在酒精灯上微火加热至染料冒蒸汽并开始计时，维持 5min。这一步也可不加热，改用饱和的孔雀绿水溶液（约 7.6%）染 10min。

（3）水洗：待载玻片冷却后，用缓流自来水冲洗，直至流出的水无色为止。

（4）复染：用番红染液复染 1～2min。

（5）水洗：用缓流水洗后，滤纸吸干。

（6）镜检：油镜观察，芽孢呈绿色，芽孢囊及营养体呈红色。

2. 改良的 Schaeffer-Fulton 氏染色法

（1）制备菌悬液：加 1～2 滴生理盐水于小试管中，用接种环从斜面上挑取 2～3 环菌苔于试管中，搅拌均匀，制成浓稠的菌悬液。

（2）染色：加孔雀绿水溶液 2～3 滴于小试管中，并使其与菌液混合均匀，然后将试管置于沸水浴的烧杯中，加热染色 15～20min。

（3）涂片、固定：用接种环挑取试管底部菌液数环于洁净载玻片上，涂成薄膜，晾干，然后将涂片通过火焰 3 次温热固定。

（4）脱色：水洗，直至流出的水无绿色为止。

（5）复染：用番红染液染色 2～3min，倾去染液并用滤纸吸干残液（不用水洗）。

（6）镜检：油镜观察，芽孢呈绿色，芽孢囊及营养体呈红色。

三、注意事项

（1）加热过程中要及时补充染液，切勿蒸干，防止加热过度。染液被蒸干时不能立即补加染液，否则载玻片会炸裂。

（2）注意涂片不宜过厚，火焰固定温度要适宜，注意控制好脱色程度。

（3）先用低倍镜观察再用高倍镜观察找到理想观察区域，然后转换到油镜下观察。

任务测评

细菌的芽孢染色评价表见表 2-3。

表 2-3　细菌的芽孢染色评价表

内容	评价标准	分值
涂片	载玻片要洁净无油迹；取菌不能过多；涂片均匀，厚薄适宜	10
干燥	离火焰不能太近，温度不能太高，载玻片背面不烫手	10
固定	热固定动作迅速，温度不能过高	10
染色	染色时间合理；染液不能蒸干	10
水洗	水流不能直接冲洗涂面，水流不宜过急、过大，涂片薄膜不能脱落	10
复染	涂片上没有积水，不会降低染液浓度，影响染色效果；染色时间合理	10
镜检	涂片完全干燥后，先在低倍镜，再在高倍镜，然后在油镜下观察，菌体芽孢染色结果正确，细胞均匀分散	10
无菌操作	手消毒方法正确，酒精灯旁操作、接种环灭菌方法规范，接种前后试管口过火，棉塞放置位置正确，手握斜面姿势标准等	20
实验后的处理	将浸过油的镜头擦拭干净；显微镜小心轻拿，按号放入显微镜柜中；清理实验台，归还实验物品	10
合计		100

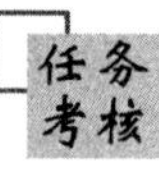

（1）如果在制片中仅看到游离芽孢，而很少看到芽孢囊和营养细胞，为什么？
（2）为什么芽孢染色要加热？
（3）为什么芽孢及营养体能染成不同的颜色？

任务四　酵母菌死活细胞的鉴定

任务描述

某啤酒企业的菌种出现了问题，请你们帮助企业鉴定一下酵母菌种的死活，并出具报告。

任务要求

知识目标

理解鉴定酵母菌死活细胞的原理。

能力目标

（1）学会区分酵母菌死活细胞的染色方法。
（2）进一步熟练掌握无菌操作技术。
（3）具有良好的表达、沟通和团队协作能力。

素质目标

（1）小组成员自己完成实验用品的准备及实验操作，培养独立完成任务的积极态度。

（2）通过实验完毕后对实验用品的及时清洁、归位，养成良好的职业习惯。

基础知识

酵母菌是一群单细胞微生物，非分类名词，属真菌类。酵母菌是多形的、不运动的单细胞微生物，细胞核与细胞质已有明显的分化，其大小通常比常见细菌大几倍甚至几十倍。其繁殖方式也比较复杂，无性繁殖主要是出芽生殖，仅裂殖酵母属是以分裂方式繁殖，有性繁殖是通过接合产生子囊孢子。

死活染色排除法是生物研究中判断细胞活性的一种常用方法，是利用死活细胞在生理机能和性质上的差异来进行的。常用的染色剂有台盼蓝和美蓝，前者使用范围较广，后者一般在酵母菌细胞死活鉴定上使用较多。

通过用美蓝染色制成水浸片和水-碘水浸片来观察生活的酵母形态及出芽生殖方式。用美蓝制成的水浸片，可观察酵母的形态和出芽繁殖方式及进行死活细胞的鉴别（染成蓝色的为死细胞，无色的为活细胞）。

美蓝是一种无毒的弱氧化性染料，其氧化型呈蓝色，还原型为无色。用美蓝对酵母的活细胞进行染色时，由于细胞的新陈代谢作用，细胞具有较强的还原能力，能使美蓝由蓝色的氧化型变为无色的还原型。因此，具有还原能力的酵母活细胞为无色，而死细胞或代谢作用微弱的衰老细胞则呈蓝色或淡蓝色，故可用美蓝鉴别细胞的死活。但应注意美蓝的浓度不易过高，染色时间不易过长，否则对细胞活性有影响。

任务实施

一、材料准备

1. 菌种

酿酒酵母。

2. 染色液和试剂

吕氏碱性美蓝染液。

3. 器材

废液缸（烧杯）、载玻片、盖玻片、酒精灯、酒精棉球、擦镜纸、显微镜、75%乙醇、95%乙醇等。

二、操作步骤

视频：酵母菌死活细胞的鉴定

具体操作视频参看二维码。

美蓝浸片观察：

（1）在载玻片中央滴加 1 滴 0.1%吕氏碱性美蓝染液，液滴不可过多或过少，以免盖上盖玻片时，溢出或留有气泡。然后按无菌操作法取在豆芽汁琼脂斜面上培养 48h 的酿酒酵母少许，放在吕氏碱性美蓝染液中，使菌体与染液均匀混合。

（2）用镊子夹一块盖玻片，小心地盖在液滴上。盖片时应注意，不能将盖玻片平放上去，应先将盖玻片的一边与液滴接触，然后将整个盖玻片慢慢放下，这样可以避免产生气泡。

（3）将制好的水浸片放置 3min 后镜检。先用低倍镜观察，然后换用高倍镜观察酿酒酵母的形态和出芽情况，同时可以根据是否染上颜色来区别死活细胞。

（4）染色 0.5h 后，观察死细胞数目是否增加。

（5）用 0.05%吕氏碱性美蓝染液重复上述操作。

三、注意事项

（1）加染液不宜过多或过少，否则在盖上盖玻片时，菌液会溢出或出现大量气泡而影响观察。

（2）盖玻片不宜平着放下，以免产生气泡影响观察。

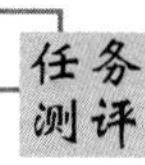

酵母菌死活细胞的鉴定评价表见表 2-4。

表 2-4　酵母菌死活细胞的鉴定评价表

内容	评价标准	分值
制片	在载玻片中央滴加 1 滴 0.1%吕氏碱性美蓝染液，液滴不可过多或过少，盖上盖玻片时，没有溢出或留有气泡。 能按无菌操作法挑取酿酒酵母少许，放在吕氏碱性美蓝染液中，菌体与染液均匀混合。 用镊子取一块盖玻片，能先将一边与菌液接触，然后慢慢将盖玻片放下使其盖在菌液上。盖玻片没有平着放下，以免产生气泡影响观察	40
镜检	放置约 3min 后镜检，能先用低倍镜然后用高倍镜观察酵母菌的形态和出芽情况，并能根据颜色来区别死活细胞。 染色约 0.5h 后能再次进行观察，发现死细胞数量是否增加	40
实验后的处理	能将浸过油的镜头擦拭干净；显微镜能小心轻拿，按号放入显微镜柜中。 能用擦镜纸正确清洁油镜（蘸二甲苯）、其他物镜和目镜；能正确填写使用记录单；物镜摆成“八”字形，聚光镜能下降，套上镜罩	20
合计		100

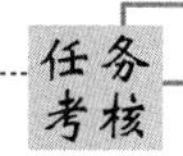

（1）吕氏碱性美蓝染液浓度和作用时间的不同，对酵母菌死细胞数量有何影响？试分析其原因。

（2）鉴定酵母菌死活细胞的原理是什么？

项目三 微生物的培养

微生物的培养技术是研究微生物的重要技术，也是其他实验的重要基础，是微生物检测工作的核心技术，是微生物检测工作者从事检验工作必须具备的技能。

任务一 无菌器材的准备

任务描述

某检验机构要对样品进行微生物检验，这次的检验员就是你们，今天的任务是完成微生物检验的准备工作——玻璃器皿的清洗、包扎与灭菌。

任务要求

知识目标

掌握微生物检验常用玻璃器皿的名称及功用。

能力目标

（1）学会对微生物检验常用玻璃器皿的清洗、包扎与灭菌。

（2）具有良好的沟通、交流及自主学习的能力。

素质目标

（1）能够通过小组比赛增强竞争意识。

（2）能够通过规范地包扎各种玻璃器皿，增强良好的操作意识。

基础知识

微生物学实验所用的器皿，大多数要进行消毒、灭菌，才能用来培养微生物。玻璃器皿的包扎方法正确合理，在使用过程中才能有效防止杂菌的污染。

一、微生物实验常用的玻璃器皿

微生物实验常用的玻璃器皿主要有试管、吸管、培养皿、锥形瓶、载玻片、盖玻片等，微生物实验用的器皿需要经过清洗，达到无灰尘、油垢和无机盐等杂质的要求后，

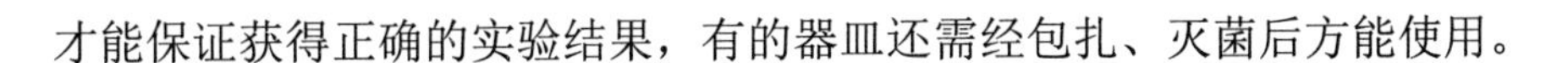
才能保证获得正确的实验结果，有的器皿还需经包扎、灭菌后方能使用。

二、玻璃器皿的洗涤

实验所使用的玻璃器皿清洁与否直接影响实验结果。器皿不清洁或被污染，往往会造成较大的实验误差，甚至会出现相反的实验结果。因此，玻璃器皿的洗涤清洁工作是非常重要的。

玻璃器皿在使用前必须洗刷干净。将锥形瓶、试管、培养皿、量筒等浸入含有洗涤剂的水中，用毛刷刷洗，然后用自来水及蒸馏水冲洗。移液管先用含有洗涤剂的水浸泡，再用自来水及蒸馏水冲洗。洗刷干净的玻璃器皿置于烘箱中烘干备用。

1. 初用玻璃器皿的清洗

新购买的玻璃器皿表面常附着有游离的碱性物质，先用肥皂水（或去污粉）洗刷，再用自来水洗净，然后浸泡在1%～2%盐酸溶液中过夜（不少于4h），接着用自来水冲洗，最后用蒸馏水冲洗2至3次，在100～130℃烘箱内烘干备用。

2. 使用过的玻璃器皿的清洗

玻璃器皿在使用过程中确保干净，用过的器皿应及时清洗。器皿一般可以用去污粉、肥皂或洗洁精清洗。玻璃器皿经洗涤后，若内壁的水均匀分布成一薄层，表示油垢完全洗净，若挂有水珠，则还需要用洗涤液浸泡数小时，然后用自来水充分冲洗，最后用蒸馏水洗2至3次后备用。

1）试管、玻璃培养皿、锥形瓶、烧杯等的洗涤

先用自来水洗刷至无污物，再选用大小合适的毛刷蘸取去污粉（掺入肥皂粉）刷洗或浸入肥皂水内。将器皿内外，特别是内壁，细心刷洗，用自来水冲洗干净后再用蒸馏水洗2至3次，热的肥皂水去污能力更强，可有效地洗去器皿上的油污。洗衣粉与去污粉较难冲洗干净而常在器壁上附有一层微小粒子，故要用水多次甚至10次以上充分冲洗，或可用稀盐酸摇洗一次，再用水冲洗。将洗净的器皿烘干或倒置在清洁处备用。凡洗净的玻璃器皿，不应在器壁上带有水珠，否则表示尚未洗干净，应再按上述方法重新洗涤。

装有固体培养基的器皿应刮掉培养基后再洗涤。带菌的器皿应在2%来苏尔或0.25%新洁尔灭消毒液中浸泡24h或煮沸0.5h，然后洗涤。带病原菌培养物的器皿应先高压蒸汽灭菌，倒去培养物后再洗涤。

2）玻璃刻度吸管的洗涤

吸管尖端与装在水龙头上的橡皮管连接，反复冲洗。吸过血液、血清、糖溶液或染液等的玻璃刻度吸管使用后应立即浸泡于凉水中，勿使物质干涸。工作完毕后用流水冲洗，以除去附着的试剂、蛋白质等物质，晾干后浸泡在铬酸洗液中4～6h（或过夜），再用自来水充分冲洗，最后用蒸馏水冲洗2～4次，风干备用。塞有棉花的玻璃刻度吸管

用水将棉花冲出，然后冲洗。吸过含有微生物培养物的玻璃刻度吸管在 2%来苏尔或 0.25%新洁尔灭消毒液中浸泡 24h，然后洗涤。玻璃刻度吸管内壁有油垢时，应在洗涤液中浸泡数小时后再冲洗。

3）载玻片和盖玻片的洗涤

用过的载玻片与盖玻片如滴有香柏油，要先擦去油迹或浸在二甲苯内摇晃几次，使油垢溶解，再在肥皂水中煮 5～10min，用软布或脱脂棉擦拭，立即用自来水冲洗；然后在稀洗涤液中浸泡 0.5～2h，自来水冲去洗涤液；最后用蒸馏水冲洗数次，待干后，浸于 95%乙醇中保存备用，使用时在火焰上烧去乙醇。用此法洗涤和保存的载玻片与盖玻片清洁透亮，没有水珠。检查过活菌的载玻片或盖玻片应先在 0.25%新洁尔灭溶液中浸泡 24h，然后用上述方法洗涤与保存。

三、玻璃器皿的包扎与灭菌

微生物实验是纯种培养，必须是无菌的，因而微生物实验需要的所有玻璃器皿，都必须经过严格的灭菌后才能使用。微生物学工作中需要无菌的玻璃器皿，如无菌吸管、无菌培养皿等，在灭菌之前需要进行隔离包扎。清洁的玻璃器皿是实验得到正确结果的先决条件，包扎方法要能保证防止污染杂菌。空的玻璃器皿一般用干热灭菌，若用湿热灭菌，则要多用几层报纸包扎。

用干燥的热空气杀死微生物的方法称为干热灭菌。干热灭菌利用高温使微生物细胞内的蛋白质凝固变性而达到灭菌的目的，干热灭菌所需温度高（160～170℃）、时间长（1～2h）。

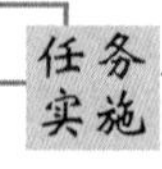

一、材料准备

试管、各种规格的玻璃吸管、培养皿（平皿）、锥形瓶及烧杯、玻璃涂布棒、装培养皿的金属筒、干热灭菌箱等。

二、操作步骤

具体操作视频参看二维码。

视频：玻璃器皿的包扎

1．培养皿的包扎

洗净干燥后的培养皿，可放在特制的金属容器中灭菌，或按 6～10 套培养皿为一组，用旧报纸卷起来，将两端封严，再进行灭菌。

2．玻璃刻度吸管的包扎

无菌操作用的吸管经洗净干燥后，首先在吸管上端的管口内塞棉花，作为隔离及过滤杂菌之用。塞棉花可以防止刻度吸管使用时将杂菌吹入其中，或不慎将微生物吸出管外。

棉柱长度不少于 1cm，一般用脱脂棉为宜，用量根据吸管口径大小而定，以塞得不紧不松为宜，棉花不能弄湿，以免影响空气的流通和滤菌效果。塞好棉塞后用纸条卷起包好，先将旧报纸裁成 5cm 宽的长纸条，再从吸管尖端开始封住后卷起，卷至吸管上端完全包住，再将纸卷末端折回固定。注意不要卷得太紧，以免使用时不易抽出。也可将塞好棉柱的吸管成批放入金属筒，吸管上端向外，盖好圆筒盖，经灭菌后随时抽用，比较方便。

3. 试管和锥形瓶等的包扎

先将试管口和锥形瓶口用棉花塞或硅胶塞塞好，然后在棉花塞与管口或瓶口的外面用双层报纸与细线扎好。试管较多时，一般 7 个或 10 个一组，再用双层报纸包扎。

三、注意事项

（1）装琼脂培养基的器皿应先将培养基刮去，琼脂和固体物不能丢弃到水池中，以免堵塞管道。

（2）干热灭菌物品不能有水，否则干热灭菌中易爆裂；灭菌物品不能装得太挤，以免影响温度上升；灭菌温度不能超过 180℃，否则棉塞及牛皮纸会烧焦，甚至是燃烧；自然降温至 60℃以下，才能打开箱门，取出物品，以免突然降温导致玻璃器皿炸裂。

任务测评

无菌器材的准备评价表见表 3-1。

表 3-1　无菌器材的准备评价表

内容	评价标准	分值
洗涤	玻璃器皿内壁的水均匀分布而无水珠	10
包扎	吸管的尖端完全封住，上端纸条叠打成结，不散开	20
	锥形瓶的包扎纸张大小合适，包扎绳结方法正确	20
	培养皿包扎纸卷成筒，结实不散开	20
	制作的棉塞松紧、长度适宜	20
灭菌	干热灭菌方法熟练正确	10
合计		100

任务考核

（1）玻璃器皿为什么洗涤、灭菌后再使用？

（2）新购置的玻璃器皿需要洗涤吗？

（3）玻璃器皿洗涤后挂有水珠说明什么？

（4）吸过菌液的吸管怎么洗涤？

（5）带油且带菌的载玻片怎么洗涤？

（6）干热灭菌的原理及适用范围是什么？

任务二　培养基的制备

任务描述

某检验机构受委托对食品企业的产品进行菌落总数测定，从而判定其卫生质量。检验之前请你们把所需培养基制备好，以便检验顺利进行。

任务要求

知识目标

（1）了解微生物的营养物质及功能。

（2）掌握培养基的概念及类型。

能力目标

（1）掌握微生物培养基的制备及灭菌技术。

（2）具有良好的沟通、交流及自主学习的能力。

素质目标

（1）通过培养基制备过程中药品的合理称量，增强成本意识。

（2）通过小组成员间的分工操作，增强合作意识。

（3）通过实验用品的准备，以及实验后对物品的整理、归位、清洁，养成良好的职业素养。

基础知识

一、培养基的概念

根据微生物对营养物质的需要，经过人工配制适合不同微生物生长、繁殖或积累代谢产物的营养基质就称为培养基。培养基的主要用途是促使微生物生长与繁殖，用于微生物纯种分离、鉴定和制作微生物制品等。

培养基应具有适宜的酸碱度（pH）和一定的缓冲能力，以及一定的氧化还原电位和合适的渗透压。把一定的培养基放入一定的器皿中，就提供了人工繁殖微生物的环境和场所。它含有满足微生物生长发育的水分、碳源、氮源、无机盐和生长素及某些特需的微量元素等。

固体培养基是在液体培养基中添加凝固剂制成的，常用的凝固剂有琼脂、明胶和硅

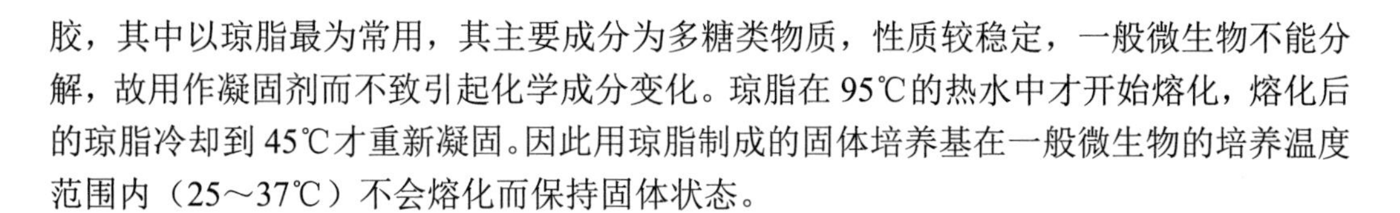

胶，其中以琼脂最为常用，其主要成分为多糖类物质，性质较稳定，一般微生物不能分解，故用作凝固剂而不致引起化学成分变化。琼脂在95℃的热水中才开始熔化，熔化后的琼脂冷却到45℃才重新凝固。因此用琼脂制成的固体培养基在一般微生物的培养温度范围内（25～37℃）不会熔化而保持固体状态。

二、培养基的类型

培养基种类繁多，根据其成分、物理状态和用途可将培养基分成多种类型。

1. 按成分不同划分

1）天然培养基

这类培养基含有化学成分还不清楚或化学成分不恒定的天然有机物，也称非化学限定培养基。麦芽汁培养基就属于此类。

常用的天然有机营养物质包括牛肉浸膏、蛋白胨、酵母浸膏（表3-2）、豆芽汁、玉米粉、土壤浸液、麸皮、牛奶、血清、稻草浸汁、羽毛浸汁、胡萝卜汁、椰子汁等，嗜粪微生物利用粪水作为营养物质。天然培养基成本较低，除在实验室经常使用外，也适于用来进行工业上大规模微生物发酵的生产。

表3-2　牛肉浸膏、蛋白胨及酵母浸膏的来源及主要成分

营养物质	来源	主要成分
牛肉浸膏	瘦牛肉组织浸出汁浓缩而成的膏状物质	富含水溶性糖类、有机氮化合物、维生素、盐等
蛋白胨	将肉、酪素或明胶用酸或蛋白酶水解后干燥而成	富含有机氮化合物，也含有一些维生素和糖类的粉末状物质
酵母浸膏	酵母细胞的水溶性提取物浓缩而成的膏状物质	富含B类维生素，也含有有机氮化合物和糖类

2）合成培养基

合成培养基是一类化学成分和数量完全清楚的培养基，它是用已知化学成分的化学药品配制而成的。这类培养基化学成分精确，也称化学限定培养基，高氏1号培养基和察氏培养基就属于此种类型。配制合成培养基时重复性强，但与天然培养基相比其成本较高，微生物在其中生长速度较慢，一般适于在实验室进行有关微生物营养需求、代谢、分类鉴定、生物量测定、菌种选育及遗传分析等方面的研究工作。

3）半合成培养基

在合成培养基中，加入某种或几种天然成分；或者在天然培养基中，加入一种或几种已知成分的化学药品即成半合成培养基。例如，常用的马铃薯蔗糖培养基就属于此类型，这种培养基在生产实践和实验室中使用最多。

2. 按物理状态划分

按培养基中凝固剂的有无及含量的多少，可将培养基划分为固体培养基、半固体培养基和液体培养基3种类型。

1）固体培养基

在液体培养基中加入一定量凝固剂，使其成为固体状态即为固体培养基。常用的凝固剂有琼脂、明胶和硅胶。对绝大多数微生物而言，琼脂是最理想的凝固剂，琼脂是由藻类（海产石花菜）中提取的一种高度分支的复杂多糖。明胶是由胶原蛋白制备得到的产物，是最早用来作为凝固剂的物质，但由于其凝固点太低，而且某些细菌和许多真菌产生的非特异性胞外蛋白酶及梭菌产生的特异性胶原酶都能液化明胶，目前已较少作为凝固剂。硅胶是由无机的硅酸钠（Na_2SiO_3）及硅酸钾（K_2SiO_3）被盐酸及硫酸中和时凝聚而成的胶体，它不含有机物，适合配制、分离与培养自养型微生物的培养基。

除在液体培养基中加入凝固剂制备的固体培养基外，一些由天然固体基质制成的培养基也属于固体培养基。例如，由马铃薯块、胡萝卜条、小米、麸皮及米糠等制成固体状态的培养基，以及生产酒的酒曲、生产食用菌的棉籽壳培养基就属于此类。

在实验室中，固体培养基一般是加入平皿或试管中，制成培养微生物的平板或斜面。固体培养基为微生物提供一个营养表面，单个微生物细胞在这个营养表面进行生长繁殖，可以形成单个菌落。固体培养基常用来进行微生物的分离、鉴定、活菌计数及菌种保藏等。

2）半固体培养基

半固体培养基中凝固剂的含量比固体培养基少，培养基中琼脂含量一般为0.2%～0.7%。半固体培养基常用来观察微生物的运动特征、分类鉴定及噬菌体效价滴定等。

3）液体培养基

液体培养基中未加任何凝固剂。在用液体培养基培养微生物时，通过振荡或搅拌可以增加培养基的通气量，同时使营养物质分布均匀。液体培养基常用于大规模工业生产，以及在实验室进行微生物的基础理论和应用方面的研究。

3. 按用途划分

1）基础培养基

尽管不同微生物的营养需求各不相同，但大多数微生物所需的基本营养物质是相同的。基础培养基是含有一般微生物生长繁殖所需的基本营养物质的培养基。牛肉膏蛋白胨培养基是最常用的基础培养基。基础培养基也可以作为一些特殊培养基的基础成分，再根据某种微生物的特殊营养需求，在基础培养基中加入所需营养物质。

2）加富培养基

加富培养基也称营养培养基，即在基础培养基中加入某些特殊营养物质制成的一类营养丰富的培养基，这些特殊营养物质包括血液、血清、酵母浸膏、动植物组织液等。加富培养基一般用来培养营养要求比较苛刻的异养型微生物，如培养百日咳博德特氏菌需要含有血液的加富培养基。加富培养基还可以用来富集和分离某种微生物，这是因为加富培养基含有某种微生物所需的特殊营养物质，该种微生物在这种培养基中较其他微

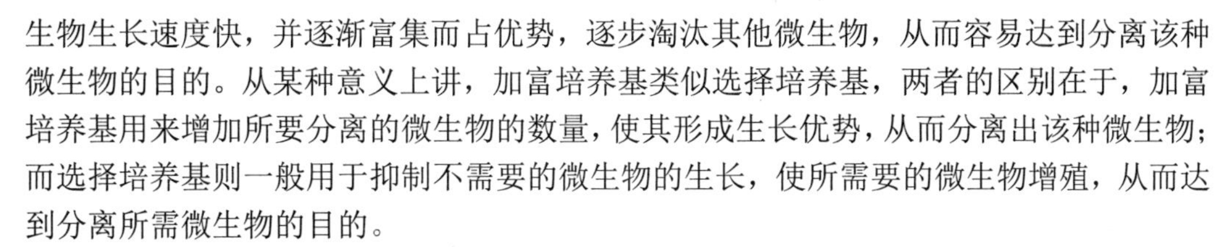

生物生长速度快，并逐渐富集而占优势，逐步淘汰其他微生物，从而容易达到分离该种微生物的目的。从某种意义上讲，加富培养基类似选择培养基，两者的区别在于，加富培养基用来增加所要分离的微生物的数量，使其形成生长优势，从而分离出该种微生物；而选择培养基则一般用于抑制不需要的微生物的生长，使所需要的微生物增殖，从而达到分离所需微生物的目的。

3）鉴别培养基

鉴别培养基是用于鉴别不同类型微生物的培养基。在培养基中加入某种特殊化学物质，某种微生物在培养基中生长后能产生某种代谢产物，而这种代谢产物可以与培养基中的特殊化学物质发生特定的化学反应，产生明显的特征性变化，根据这种特征性变化，可将该种微生物与其他微生物区分开来。鉴别培养基主要用于微生物的快速分类鉴定，以及分离和筛选产生某种代谢产物的微生物菌种。

4）选择培养基

选择培养基是用来将某种或某类微生物从混杂的微生物群体中分离出来的培养基。根据不同种类微生物的特殊营养需求或对某种化学物质的敏感性不同，在培养基中加入相应的特殊营养物质或化学物质，抑制不需要的微生物的生长，有利于所需微生物的生长。

一类选择培养基是依据某些微生物的特殊营养需求设计的。例如，利用以纤维素或液体石蜡作为唯一碳源的选择培养基，可以从混杂的微生物群体中分离出能分解纤维素或液体石蜡的微生物；利用以蛋白质作为唯一氮源的选择培养基，可以分离产胞外蛋白酶的微生物；缺乏氮源的选择培养基可用来分离固氮微生物。另一类选择培养基是在培养基中加入某种化学物质，这种化学物质没有营养作用，对所需分离的微生物无害，但可以抑制或杀死其他微生物。例如，在培养基中加入青霉素、四环素或链霉素，可以抑制细菌和放线菌的生长，而将酵母菌和霉菌分离出来。

一、材料准备

1. 药品和试剂

牛肉膏（粉）、蛋白胨、NaCl 溶液、琼脂粉、NaOH 溶液、盐酸溶液。

2. 器材

天平、药匙、烧杯、玻璃棒、电炉、pH 试纸、试管、锥形瓶、玻璃漏斗、牛皮纸（报纸）、瓶塞、线绳、标签、干燥箱、高压蒸汽灭菌锅。

视频：培养基的制备

二、操作步骤

具体操作视频参看二维码。

培养基的制备流程：原料称量、溶解→（加琼脂熔化）→调节 pH→分装→高压蒸汽灭菌→摆放斜面或倒平板→无菌检查。

1. 原料称量、溶解

根据培养基配方，准确称取各种原料成分，在容器中加所需水量的一半，然后依次将各种原料加入水中，用玻璃棒搅拌使之溶解。某些不易溶解的原料如蛋白胨、牛肉膏等可事先在小容器中加少量水，加热溶解后再冲入容器中。有些原料需用量很少，不易称量，可先配成高浓度的溶液按比例换算后取一定体积的溶液加入容器中。待原料全部放入容器后，加热使其充分溶解，并补足需要的全部水分，即成液体培养基。

配制固体培养基时，预先将琼脂称好（粉状琼脂可直接加入，条状琼脂用剪刀剪成小段，以便熔化），然后将液体培养基煮沸，再把琼脂放入，继续加热至琼脂完全熔化。在加热过程中应注意不断搅拌，以防琼脂沉淀在锅底烧焦，并应控制火力，以免培养基因暴沸而溢出容器。待琼脂完全熔化后，再用热水补足因蒸发而损失的水分。

2. 调节 pH

液体培养基配好后，一般要调节至所需的 pH。常用一定浓度的盐酸及氢氧化钠溶液进行调节。调节培养基酸碱度最简单的方法是用精密 pH 试纸进行测定。用玻璃棒蘸少许培养基，点在试纸上进行对比。如 pH 偏低，则加 3%氢氧化钠溶液，偏高则加 3%盐酸溶液。经反复几次调节至所需 pH。此法简便快速，但难于精确。要准确调节培养基的 pH 可用 pH 计进行。固体培养基酸碱度的调节方法与液体培养基相同，一般在加入琼脂后进行。进行调节时，应注意将培养基温度保持在 80℃以上，以防因琼脂凝固影响调节操作。

3. 分装

培养基配好后，要根据不同的使用目的，分装到各种试管或锥形瓶中。试管分装时取玻璃漏斗一个，装在铁架上，漏斗下连一根橡皮管与另一玻璃管嘴相连，橡皮管上加一弹簧夹。分装时，用左手拿住空试管中部，并将漏斗下的玻璃管嘴插入试管内，以右手拇指及食指开放弹簧夹，中指及无名指夹住玻璃管嘴，使培养基直接流入试管内。

装入试管的培养基视试管大小及需要而定。对于液体，分装至试管高度的 1/4 左右为宜；对于固体，分装至试管高度的 1/5 为宜；对于半固体培养基，分装至试管高度的 1/3～1/2 为宜。用锥形瓶分装培养基时，容量以不超过容积的一半为宜。

分装好后按要求包扎好。

4. 高压蒸汽灭菌

（1）加水：在灭菌器内加入一定量的水。水不能过少，以免将灭菌锅烧干引起爆炸事故。

（2）装料：将待灭菌的物品放在灭菌锅搁架内，不要过满，包与包之间留有适当的空隙以利于蒸汽的流通。装有培养基的容器放置时要防止液体溢出，瓶塞不要紧贴桶壁，以防冷凝水沾湿棉塞。

（3）加盖：摆正锅盖，对齐螺口，然后以同时旋紧相对的两个螺栓的方式拧紧所有螺栓，并打开排气阀。

（4）加热排气：待水沸腾后，水蒸气和空气一起从排气孔排出。一般认为，当排气孔的气流很强并有嘘声时，表明锅内冷空气已排尽（沸后约 5min）。

（5）升压：当锅内空气已排尽时，即可关闭排气阀，压力开始上升。

（6）灭菌：待压力逐渐上升至所需压力时，维持所需时间。一般实验采用压力 0.1MPa，温度 121℃，20min 灭菌，或根据制作要求的温度、时间进行灭菌。

（7）降压：达到灭菌所需时间后，关闭热源，让压力自然下降到零后，打开排气阀。放净余下的蒸汽后，再打开锅盖，取出灭菌物品。在压力未完全下降至零时，切勿打开锅盖，否则压力骤然降低，会造成培养基剧烈沸腾而冲出管口或瓶口，污染棉塞、引起杂菌污染。

保养：灭菌完毕取出物品后，倒掉锅内剩水，保持内壁及搁架干燥，盖好锅盖。

5. 摆放斜面或倒平板

已灭菌的固体培养基要趁热制作斜面试管和固体平板。

（1）斜面培养基的制作方法：需做斜面的试管，斜面的斜度要适当，使斜面的长度不超过试管长度的 1/2，摆放时注意不可使培养基沾污棉塞，冷凝过程中勿再移动试管。制得的斜面以稍有凝结水析出者为佳。待斜面完全凝固后，再进行收存。制作半固体或固体深层培养基时，灭菌后则应垂直放置至冷凝。

（2）平板培养基制作方法：将已灭菌的琼脂培养基（装在锥形瓶或试管中）熔化后，待冷却至 50℃左右倾入无菌培养皿中。温度过高时，易在皿盖上形成太多冷凝水；低于 45℃时，培养基易凝固。操作时最好在超净工作台酒精灯火焰旁进行，左手拿培养皿，右手拿锥形瓶的底部或试管，同时用小指和手掌将棉塞打开，灼烧瓶口，用左手大拇指将培养皿盖打开一缝，至瓶口刚好伸入，倾入培养基 12～15mL，平置凝固后备用（一般平板培养基的高度约 3mm）。

6. 无菌检查

灭菌后的培养基，一般需进行无菌检查。最好从中取出 1～2 管（瓶），置于 30～37℃恒温箱中保温培养 1～2d，如发现有杂菌生长，应及时再次灭菌，以保证使用前的培养基处于绝对无菌状态。

三、注意事项

培养基制备的质量将直接影响微生物生长。因为各种微生物对培养基营养要求不完全相同，各种培养基制备要求如下。

（1）根据培养基配方的成分按量称取，然后溶于蒸馏水中，在使用前应对使用的试剂药品进行质量检验。

（2）pH 测定及调节：培养基 pH 一定要准确，否则会影响微生物的生长或结果的观察。需要注意的是，高压蒸汽灭菌可影响一些培养基的 pH（降低或升高），故灭菌压力不宜过高或高压蒸汽灭菌次数不宜太多，以免影响培养基的质量。

（3）培养基需保持澄清，便于观察细菌的生长情况。

（4）盛装培养基不宜用铁、铜等容器，以使用洗净的中性硬质玻璃容器为好。

（5）培养基的灭菌既要达到完全灭菌的目的，又要注意不因加热而降低其营养价值，一般 121℃灭菌 15min 即可。含有不耐高热物质的培养基（如糖类、血清、明胶等）则应采用低温灭菌或间歇法灭菌，一些不能加热的试剂（如亚碲酸钾、卵黄、TTC、抗菌素等）待基础琼脂高压蒸汽灭菌后晾至 50℃左右再加入。要严格控制灭菌温度，尤其含糖量较高的培养基温度不应太高，过高会导致糖分焦化，影响质量。

（6）培养基制备完毕后应立即进行高压蒸汽灭菌。如延误时间，杂菌会繁殖生长，导致培养基变质而不能使用。特别是在气温高的情况下，如不及时进行灭菌，数小时内培养基就可能变质。若确实不能立即灭菌，可将培养基暂放于 4℃冰箱或冰柜中，但时间也不宜过久。

（7）每批培养基制备好后，应做无菌生长实验及所检菌株生长实验。对于生化培养基，使用标准菌株接种培养，观察生化反应结果，应呈正常反应。培养基不应储存过久，必要时可置 4℃冰箱存放。琼脂培养基不能反复熔化，反复熔化会破坏培养基中的营养成分。培养基不能反复灭菌，反复灭菌也会导致营养成分的破坏。

（8）目前各种干燥培养基较多，每批均需用标准菌株进行生长实验或生化反应观察，各种培养基用相应菌株生长实验良好后方可应用，新购进的或存放过久的干燥培养基，在配制时也应测 pH，使用时需根据产品说明书用量和方法进行。

（9）每批制备的培养基所用化学试剂、灭菌情况及菌株生长实验结果、制作人员等应做好记录，以备查询。

（10）培养基分装时注意不要使培养基沾染管口或瓶口，以免浸湿棉塞，引起污染。

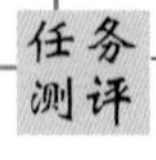

培养基的制备评价表见表 3-3。

表 3-3　培养基的制备评价表

内容	评价标准	分值
原料称量	准确称取各种原料成分并充分溶解；称取药品时严防药品混杂，一把药匙称一种药品	15
溶解	加热过程中不断搅拌，琼脂完全熔化，无暴沸而溢出容器现象	15
调节 pH	用一定浓度的盐酸及氢氧化钠溶液进行调节	10
分装	培养基无沾污管口。对于液体，分装至试管高度的 1/4 左右为宜；对于固体，分装至试管高度的 1/5 为宜；对于半固体培养基，则分装至试管高度的 1/3～1/2 为宜。用锥形瓶分装培养基时，容量以不超过容积的一半为宜	20

续表

内容	评价标准	分值
摆放斜面	斜面培养基斜面的长度不超过试管长度的 1/2，斜面光滑，培养基无沾污棉塞	20
倒平板	无菌操作，倾入培养基适量，凝固后光滑平整	20
合计		100

任务考核

（1）如何验证你所配制的培养基是否合格？
（2）培养基制备完毕后为什么应立即进行高压蒸汽灭菌？

任务三　微生物的接种

任务描述

菌种扩大培养的目的是提高菌种使用率，降低生产成本。某食品企业购入一批菌种，需要扩大培养，请根据企业要求完成此任务。

任务要求

知识目标

（1）掌握微生物接种的概念。
（2）了解微生物接种常见的方法。

能力目标

（1）掌握微生物的接种技术。
（2）具有良好的沟通、交流及自主学习的能力。

素质目标

通过规范操作，培养良好的无菌观念和严谨的工作态度。

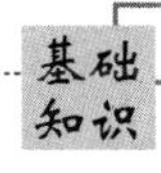

一、接种的定义

将微生物接到适于它生长繁殖的人工培养基上或活的生物体内的过程称为接种。微生物的接种是将一种微生物移接到另一灭过菌的新培养基中，使其生长繁殖的过程。微生物的接种是用接种环或接种针分离微生物，或是在无菌条件下把微生物由一个培养器皿转接到另一个培养容器进行培养，是微生物学研究中最常用的基本操作。

二、接种工具

在实验室中，用得最多的接种工具是接种环、接种针，而转移液体培养物可采用无菌吸管或移液枪。要在固体培养基表面均匀涂布菌液时，需要用到涂布棒。用以挑取和转接微生物材料的接种环及接种针，一般采用易于迅速加热和冷却的镍铬合金等金属制备，使用时用火焰灼烧灭菌。

三、微生物接种方法

细菌的接种方法有很多种，如斜面接种法、平板划线法、液体接种法、涂布接种法、穿刺接种法、倾注接种法、三点接种法、注射接种法等，其方法和应用各有不同。

1. 斜面接种法

此法（图 3-1）主要用于保存菌种，或观察细菌的某些生化特性和动力；用于菌落的移种，以获得纯种进行鉴定和保存菌种等。

首先用接种环或接种针伸入菌种管内，挑取用来移种的菌落。然后伸入斜面培养管内，先从斜面底部到顶端拖一条接种线，再自下而上蜿蜒划线或直接自下而上蜿蜒划线。接种完成之后，用火焰灭菌培养管口，并塞上棉塞，置于 37℃培养。

2. 平板划线法

此法（图 3-2）主要用于菌种分离，获得单菌落；观察菌落特征，对混合菌进行分离，但不能用于菌落计数。

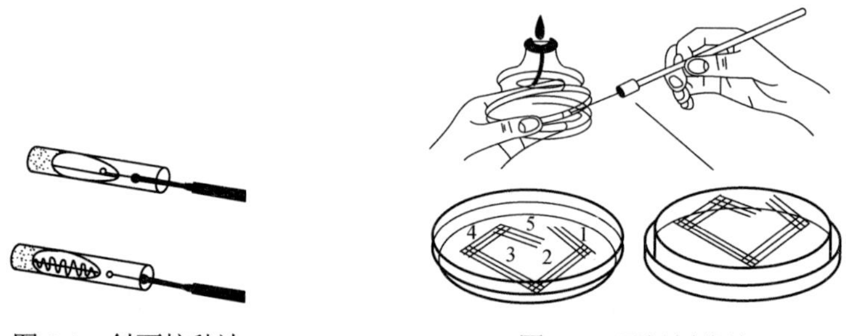

图 3-1　斜面接种法　　　　图 3-2　平板划线法

由接种环沾取少许待分离的材料，在无菌平板表面进行平行划线、扇形划线或其他形式的连续划线（顺序如图 3-2 中序号所示），微生物细胞数量将随着划线次数的增加而减少，并逐步分散开来，如果划线适宜的话，微生物能一一分散，经培养后，可在平板表面得到单菌落。

3. 液体接种法

此法（图 3-3）主要用于菌液比浊实验；用于各种液体培养基如肉汤、蛋白胨水、糖发酵管等的接种。

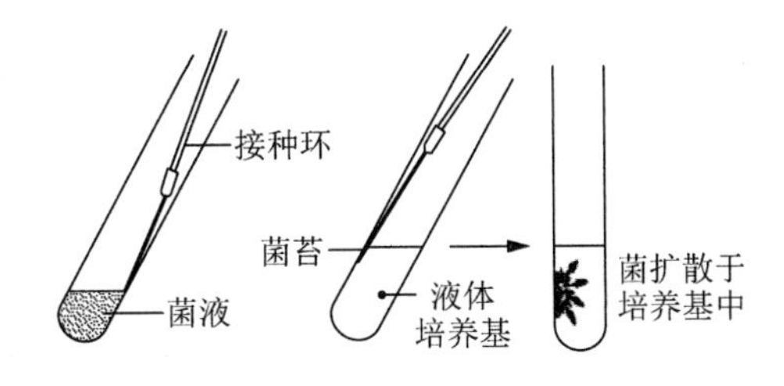

图 3-3　液体接种法

用灭菌接种环挑取菌落或标本，在试管内壁与液面交界处轻轻研磨，使细菌均匀地散落在液体培养基中。包括从斜面菌种接入培养液，或从液体菌种接入液体培养液，两种情况都可以用接种环接种。但在培养量比较大的情况下，液体接种宜采用移液管接种，要求无菌操作。

4. 涂布接种法

涂布接种法（图 3-4）是一种常用的接种方法，不仅可以用于计算活菌数，还可以利用其在平板表面生长形成菌苔的特点用于检测化学因素对微生物的抑杀效应。其原理是将一定浓度、一定量的待分离菌液移到已凝固的培养基平板上，再用涂布棒快速地将其均匀涂布，使长出单菌落而达到分离的目的。涂布接种法可以计数，可以观察菌落特征，但接种前需梯度稀释，而且平板吸收菌液量较少，不干燥，效果不好，容易蔓延。

5. 穿刺接种法

此法（图 3-5）用于保存菌种、观察动力、厌氧培养及观察某些生化反应。

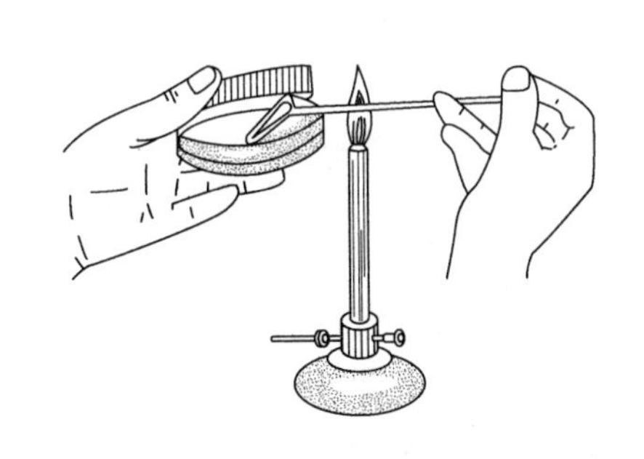

图 3-4　涂布接种法

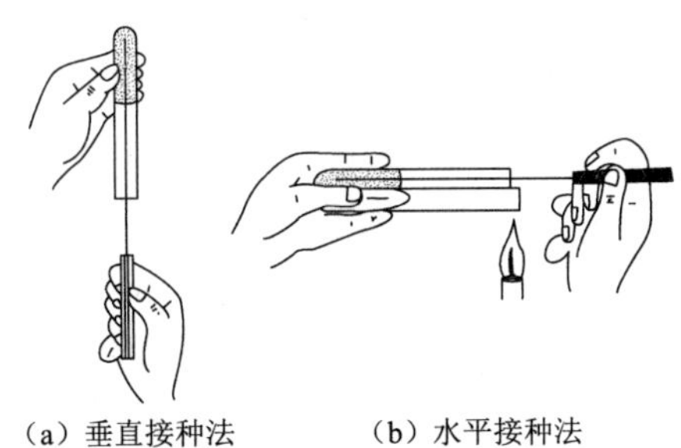

（a）垂直接种法　（b）水平接种法

图 3-5　穿刺接种法

此法多用于半固体培养基或三糖铁、明胶等具有高层的培养基接种，半固体培养基的穿刺接种可用于观察细菌的动力。三糖铁等有高层及斜面之分的培养基，穿刺高层部分，退出接种针后直接划线接种斜面部分。半固体培养基的穿刺接种是将烧灼过的接种针插入菌种管冷却后，沾取菌液少许，立即垂直插入半固体培养基的中心至接近于管底处，但不可直刺至管底，然后循原路退出。管口通过火焰，塞上棉塞，接种针烧灼灭菌后放下。

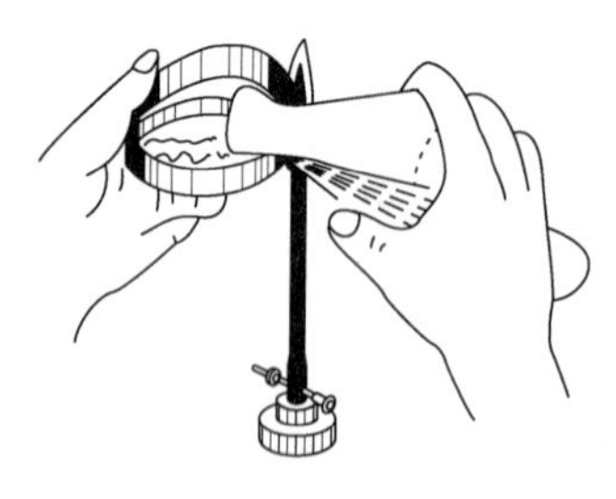
图 3-6　倾注接种法

6. 倾注接种法

此法（图 3-6）主要用于菌落总数的计数，如用于饮水、饮料、牛乳和尿液等样品中的细菌计数。

取纯培养物的稀释液或原样品 1mL 至无菌培养皿内，再将已熔化并冷却至 45～50℃的琼脂培养基 15～20mL 倾注入该无菌培养皿内，轻轻转动平板，使菌液与培养基混合均匀，待凝固后置 37℃培养，长出菌落后进行菌落计数，以求出每毫升样品中所含菌数。此法可以计数，且计数较方便，但是接种前需梯度稀释，不能观察菌落特征，不适用于严格好氧菌和热敏感菌。

7. 三点接种法

此法主要用于霉菌的研究。

把少量的微生物接种在平板表面上呈等边三角形的三点，让其各自独立形成菌落后，以观察、研究它们的形态。在研究霉菌形态时常用此法。

8. 注射接种法

此法主要用于预防接种。

该法是用注射的方法将待接的微生物转接至活的生物体内，如人或其他动物中。常见的疫苗预防接种就是通过用注射接种法将疫苗注入人体来预防某些疾病的。

四、无菌接种操作

无菌接种操作指培养基经高压蒸汽灭菌后，用经过灭菌的接种工具（如接种针和吸管等），在无菌的条件下接种含菌材料（如样品、菌苔或菌悬液等）于培养基上的过程，是微生物学研究中最常用的基本操作。实验室检验中的各种接种必须是无菌操作。无论是从斜面到斜面或到液体或到平板还是相反的过程，接种的核心问题都在于接种过程中，必须采用严格的无菌操作，以确保纯种不被杂菌污染。

由于打开器皿可能引起器皿内部被环境中的其他微生物污染，因此微生物实验的所有操作均应在无菌条件下进行，其要点是在火焰附近进行熟练的无菌操作，或在无菌箱或操作室内无菌的环境下进行操作。操作箱或操作室内的空气可在使用前一段时间内用紫外线灯或化学药剂灭菌，有的无菌室通无菌空气维持无菌状态。

任务实施

一、材料准备

大肠杆菌、枯草芽孢杆菌、琼脂斜面试管、接种环、接种针、酒精灯、火柴、记号笔、标签、酒精棉、超净工作台、恒温培养箱等。

二、操作步骤

具体操作视频参看二维码。

视频：微生物的接种

1. 斜面接种

该法主要用于单个菌落的纯培养、保存菌种或观察细菌的某些特性。

1）准备工作

接种前将空白斜面试管贴上标签，注明菌名、接种日期、接种人姓名。标签应贴在斜面向上的部位。开启超净工作台 20min 后待用。

2）手握斜面（图 3-7）

点燃酒精灯，将菌种管和新鲜空白斜面试管的斜面向上，用左手大拇指和其他四指将其握在手中，使中指位于两试管之间，无名指和大拇指分别夹住两试管的边缘，管口齐平，试管横放，管口稍稍上斜。菌种管位于外侧，空白斜面试管位于内侧。

图 3-7　斜面接种时试管的两种拿法

3）接种环灭菌

杀灭接种环沾染的细菌，以免污染标本。右手先将棉塞拧转松动，以利于接种时拔出。手拿接种环，使接种环直立在氧化焰部位，将金属环烧红灭菌，然后将接种环来回通过火焰数次，环以上凡在接种时可能进入试管的部分都应用火灼烧。

4）拔棉塞

用右手小指、无名指和手掌拔下棉塞并夹紧（先外管后内管），棉塞下部应露在手外，勿放桌上，以免污染。将试管口迅速在火焰上微烧一周，以杀灭试管口上可能沾染的少量杂菌或尘埃带的细菌。

5）取菌种

将灼烧过的接种环伸入菌种管内，先将环接触一下没有长菌的培养基部分，使其冷却，以免烫死菌体。然后用环轻轻取菌少许，并将接种环慢慢从试管中抽出。

6）接种

在火旁迅速将接种环伸进另一空白斜面试管，在斜面培养基上轻轻划线，将菌体接种于其上。划线时由底部划起，划成较密的波浪状线；或由底部向上划一直线，一直划到斜面的顶部。

7）灭菌

灼烧试管口，并在火焰旁将棉塞塞上。接种完毕，将接种环上的余菌在火焰上彻底烧死，以免污染环境。

8）培养

做好标记，置 36℃培养箱中培养 18～24h。斜面培养一般形成均匀一致的菌苔，可观察菌苔的表面、透明度、色泽等特征。

9）接种完毕

接种使用过的用具一定要及时灭菌处理，以免对周围环境造成污染。

斜面接种无菌操作程序如图 3-8 所示。

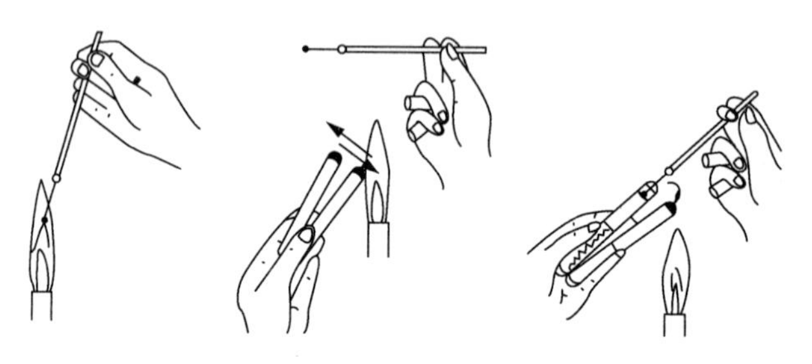

图 3-8　斜面接种无菌操作程序

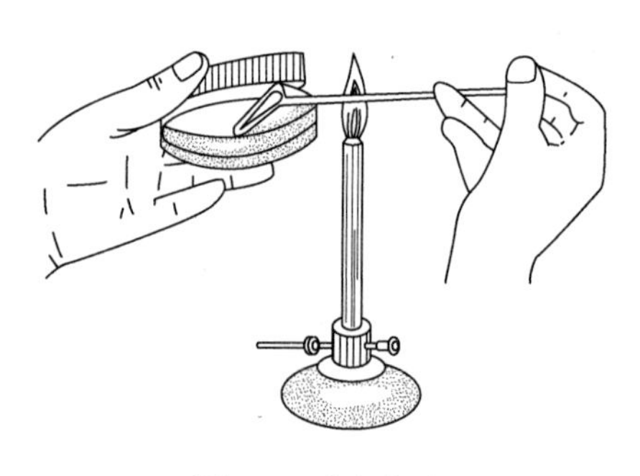

图 3-9　涂布接种

2. 涂布接种（图 3-9）

用无菌移液管吸取菌悬液 0.1mL，滴加于培养基平板上。右手持无菌涂布棒，左手拿培养皿，并用拇指将皿盖打开一缝，在火焰旁右手持涂布棒在培养皿平板表面将菌液自平板中央均匀向四周涂布扩散，切忌用力过猛将菌液直接推向平板边缘或将培养基划破。接种后，将涂布好的平板平放于桌上 20～30min，使菌液渗透入培养基内，然后将平板倒置于恒温箱中，培养观察。

3. 液体接种

左手持培养基管，右手将烧灼过的接种环伸入菌种管，待冷却后，取菌液一环，立即移入培养基管中，在接近液面的管壁上轻轻研磨，然后将试管稍倾斜，并沾取少许液体培养基调和，使菌液混合于液体培养基中。在液体培养基中一般培养 18～24h 后观察细菌生长特征。

4. 穿刺接种

用经火焰灭菌的接种针，沾取少量菌种，垂直刺入培养基的中心至接近管底部（但不能完全刺到管底），接种针应沿原路退出，烧试管塞和试管口、塞上试管塞，再将接种针上残留的菌体在火焰上烧掉。要做到手稳、动作轻巧快速。

将上述已接种好的培养物在 37℃恒温箱内培养，24h 后取出观察结果。经培养后半固体培养基上若观察到细菌沿穿刺线生长，线外的培养基清亮，表示细菌无动力；若穿

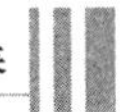

刺线模糊不清，或沿穿刺线向外扩散生长，或整个培养基混浊，表示细菌有动力。

三、注意事项

（1）在操作中不应有大幅度或快速的动作。
（2）使用玻璃器皿，应轻取轻放。
（3）在火焰正上方操作。
（4）接种用具在使用前、后都必须灼烧灭菌。
（5）在接种培养物时，操作应轻、准。
（6）不得将试管塞随意丢于桌上，以免受到沾污；试管口切勿烧得过烫，以免炸裂。
（7）实验完毕将实验用品放回合适的位置。

任务测评

微生物的接种评价表见表3-4。

表3-4　微生物的接种评价表

内容	评价标准	分值
准备工作	物品摆放整齐；手消毒方法正确；标签标记齐全、位置合理	10
手握斜面	握持试管方法正确，斜面向上	10
接种环灭菌	接种环拿法正确，接种环先直立后倾斜灼烧，金属环烧红，接种环来回过火数次，可能进入试管部分都要灼烧到	15
拔棉塞	先松动棉塞，棉塞正确夹紧，棉塞不被污染；试管口微烧一周	15
取菌种	接种环伸入菌种管内先冷却；轻取菌少许；接种环抽出时不碰管壁或通过火焰	20
接种	划线由底部划起，划成波浪状线，疏密适当；培养基不被划破	20
接种完毕	灼烧试管口，在火焰旁将棉塞塞上；接种环上的余菌在火焰上彻底烧死	10
总分		100

任务考核

（1）为什么微生物实验工作的最基本要求是无菌操作？
（2）接种时无菌操作应注意哪些环节？

任务四　微生物的分离纯化

任务描述

某食品企业用于发酵的菌种混入杂菌，需进行分离纯化，以得到纯培养物。请根据企业要求利用微生物实验室的条件完成任务。

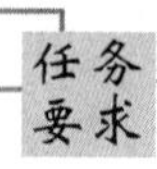

知识目标

（1）理解微生物分离和纯化的基本原理。
（2）知道分离纯化的主要方法。

能力目标

（1）掌握微生物的分离纯化操作技术。
（2）具有良好的沟通、交流及自主学习的能力。

素质目标

（1）通过仪器设备的规范使用，增强安全意识，培养严谨的工作态度。
（2）通过实验用品的准备，以及实验后对物品的整理、归位、清洁，养成良好的职业素养。

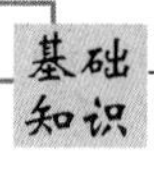

在自然界中，不同种类的微生物绝大多数是混杂生活在一起的，为了生产和科学研究的需要，需从混杂的微生物中分离得到某一种微生物，这种获得纯培养物的方法称为微生物的分离与纯化。

一、微生物的纯培养和分离纯化

微生物学中，在规定的条件下培养、繁殖得到的微生物群体称为培养物，含有一种以上微生物的培养物称为混合培养物，而只有一种微生物的培养物称为纯培养物。如果在一个菌落中所有细胞均来自一个亲代细胞，那么这个菌落称为纯培养物。在进行菌种鉴定时，所用的微生物一般均要求为纯培养物，得到纯培养物的过程称为分离纯化，方法有许多种，包括平板划线法、倾注平板法、涂布平板法等。

由于在通常情况下纯培养物能较好地被研究、利用和重复结果，因此把特定的微生物从自然界混杂存在的状态中分离、纯化出来的纯培养技术是进行微生物学研究的基础。微生物通常是肉眼看不到的微小生物，而且无处不在。因此，在微生物的研究及应用中，不仅需要通过分离纯化技术从混杂的天然微生物群中分离出特定的微生物，而且必须随时注意保持微生物纯培养物的“纯洁”，防止其他微生物的混入。在分离、转接及培养纯培养物时防止其被其他微生物污染的技术称为无菌技术，它是保证微生物学研究正常进行的关键。

二、微生物分离纯化的方法

1. 平板划线法

对混有多种细菌的样品，采用划线分离和培养，使原来混杂在一起的细菌沿划线在琼脂平板表面分离，得到分散的单个菌落，以获得纯种。最简单的分离微生物的方法是平板划线法。所谓平板，即培养平板的简称，它是指将熔化的固体培养基倒入无菌平皿，冷却凝固后，盛有固体培养基的平皿。平板划线法是指把混杂在一起的微生物或同一微生物群体中的不同细胞用接种环在平板培养基表面通过分区划线稀释而得到较多独立分布的单个细胞。单个细胞经培养后生长繁殖成单菌落，通常把这种单菌落当作待分离微生物的纯种。有时这种单菌落并非都由单个细胞繁殖而来，故必须反复分离多次才可得到纯种。

划线分离的原理是将微生物样品在固体培养基表面多次作“由点到线”稀释而达到分离的目的。用接种环以无菌操作沾取少许待分离的材料，在无菌平板表面进行平行划线、扇形划线或其他形式的连续划线，微生物细胞数量将随着划线次数的增加而减少，并逐步分散开来，如果划线适宜，微生物能一一分散，经培养后，可在平板表面得到单菌落。为方便划线，一般培养基不宜太薄，每皿约倾倒 20mL 培养基，培养基应厚薄均匀，平板表面光滑。划线分离主要有分区划线法和连续划线法两种。

2. 倾注平板法

先将待分离的材料用无菌水作一系列的稀释（如 1∶10、1∶100、1∶1000、1∶10 000……），然后分别取不同稀释液少许，与已熔化并冷却至 50℃左右的琼脂培养基混合，摇匀后，倾入灭过菌的培养皿中，待琼脂凝固后，制成可能含菌的琼脂平板，保温培养一定时间即可出现菌落。如果稀释得当，在平板表面或琼脂培养基中就可出现分散的单个菌落，这个菌落可能就是由一个细菌细胞繁殖形成的。随后挑取该单个菌落，或重复以上操作数次，便可得到纯培养。

3. 涂布平板法

由于将含菌材料先加到还较烫的培养基中再倒平板易造成某些热敏感菌死亡，而且采用倾注平板法也会使一些严格好氧菌因被固定在琼脂中间缺乏氧气而影响其生长，因此在微生物学研究中更常用的纯种分离方法是涂布平板法。其做法是先将已熔化的培养基倒入无菌平皿，制成无菌平板，冷却凝固后，将一定量的某一稀释度的样品悬液滴加在平板表面，再用无菌玻璃涂布棒将菌液均匀分散至整个平板表面，经培养后挑取单个菌落。

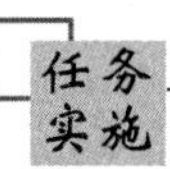

一、材料准备

1. 菌种

大肠杆菌斜面菌种、金黄色葡萄球菌斜面菌种、枯草芽孢杆菌斜面菌种。

2. 培养基和溶液

营养琼脂平板、营养肉汤培养基、生理盐水。

3. 器材

恒温培养箱、超净工作台、无菌试管、无菌培养皿、接种针、接种环、火柴、酒精灯、酒精棉球、涂布棒、无菌吸管、洗耳球、微量移液器、记号笔、标签等。

二、操作步骤

1. 平板划线法

视频：平板划线分离

具体操作视频参看二维码。

1）操作前准备

将接种环、酒精灯、无菌平板、酒精棉球、镊子、洁净烧杯等置于超净工作台，打开紫外线灯，灭菌 30min。取待纯化菌种放入超净工作台。操作者直立坐于操作台前，打开操作台玻璃，高度可供双手顺利出入即可。

2）擦拭

用镊子取酒精棉球擦拭双手，将超净工作台台面擦出与肩同宽的正方形区域，此区域即为操作区域。将用毕的棉球放入烧杯中。

3）物品摆放

将酒精灯放于擦拭区域的中心，将接种环放于酒精灯的右侧，将菌种放于酒精灯的左侧，并将无菌平板的包装除去，包装置于操作区外，无菌平板置于酒精灯左侧。

4）点燃酒精灯

打开酒精灯盖，将盖扣于操作区之外的台面上，点燃酒精灯，酒精灯周围 3～5cm 即为无菌区。

5）灼烧接种环

右手持接种环，将接种环的金属环直立于酒精灯外焰处，灼烧至红透，然后略倾斜接种环，灼烧金属杆，注意灼烧时要将金属丝与金属杆的连接部分充分灼烧。

6）取菌种

左手持斜面的底部，将管口置于火焰的无菌区，右手小指打开试管塞，将接种环的金属环放于外焰处再次灼烧至红透，然后将其伸入试管内部，稍微凉一下，轻轻取一环，

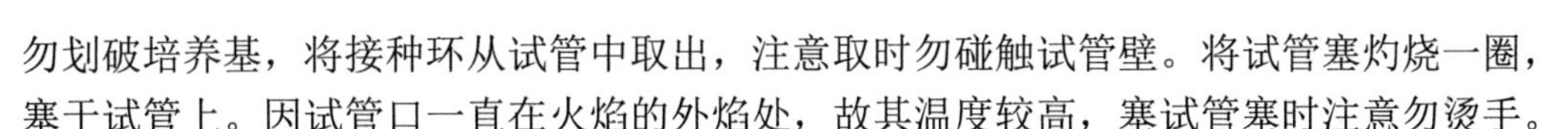

勿划破培养基，将接种环从试管中取出，注意取时勿碰触试管壁。将试管塞灼烧一圈，塞于试管上。因试管口一直在火焰的外焰处，故其温度较高，塞试管塞时注意勿烫手。

7）接种

左手取无菌平板一个，用大拇指和食指控制皿盖，其余几指控制皿底，打开皿盖，使开口角小于 30°，将接种环上的菌种按图 3-10 进行划线，一区法要求连续划线，且线的边缘应划至培养皿的内缘，线要紧密但不相连。三区法或四区法要求每划完一区，都灼烧接种环，后一区要求与前一区首尾相连，但不得与其他区域搭在一起。

具体的划线方法如图 3-10 所示。

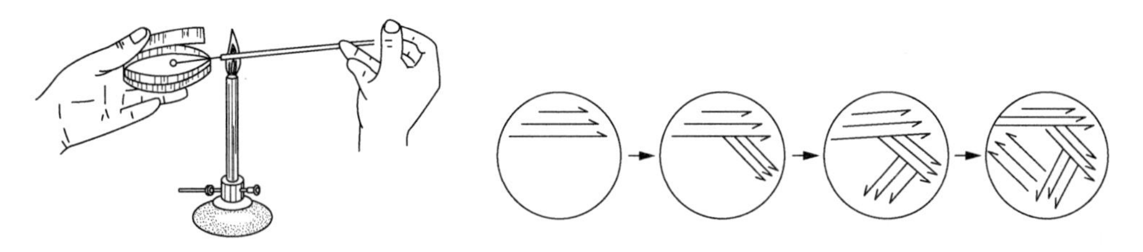

图 3-10　分区划线

8）培养

将接种完毕的平板放于恒温培养箱中倒置培养。

9）整理台面

操作完毕后，将实验所需的物品放回原处，并将实验所产生的垃圾清理干净，带出超净工作台，放于垃圾桶中。

10）结果观察

观察平板，应无杂菌污染，若菌种不在所划的线上则为杂菌；线应为直的，且每一线都接近平板边缘，平行的线和线之间要紧密，但不能搭在一起；要有较多的单菌落，至少应有 10 个以上的单菌落方为合格。

2. 倾注平板法

1）梯度稀释

准确称取食品样品 25g，放入装有 225mL 无菌生理盐水并放有小玻璃珠的 500mL 锥形瓶中，用手或置摇床上振荡 20min，使微生物细胞分散，静置 20～30s，即成 10^{-1} 稀释液。再用 1mL 无菌吸管，吸取 10^{-1} 稀释液 1mL，移入装有 9mL 无菌生理盐水的试管中，吹吸几次，让菌液混合均匀，即成 10^{-2} 稀释液。再换一支无菌吸管吸取 10^{-2} 稀释液 1mL，移入装有 9mL 无菌生理盐水的试管中，也吹吸几次，即成 10^{-3} 稀释液。以此类推，连续稀释，制成 10^{-4}、10^{-5}、10^{-6}、10^{-7}、10^{-8}、10^{-9} 等一系列稀释菌液。

2）倒混菌平板

分别取不同稀释液少许，与已熔化并冷却至 50℃左右的牛肉膏蛋白胨琼脂培养基混合，摇匀后，倾入灭过菌的培养皿中，待琼脂凝固后，制成可能含菌的琼脂平板。

3）保温培养

将平板倒置于36℃的恒温培养箱中培养24～48h，即可出现菌落。如稀释得当，在平板表面或琼脂培养基中就可出现分散的单个菌落，这些菌落有可能就是由一个细菌细胞繁殖形成的。

4）挑单菌落

挑取单个菌落，转移至液体培养基中增菌，再重复以上操作数次，便可得到纯培养。

3. 涂布平板法

倒混菌平板可能会影响热敏感菌和严格好氧菌的生长而使这些菌无法很好分离出，相应可采用涂布平板法。其做法是先将已熔化的培养基倒入无菌培养皿，制成无菌平板，冷却凝固后，将一定量（0.1mL 或 0.2mL）的某一稀释度的样品悬液滴加在平板表面，再用无菌玻璃涂布棒将菌液均匀分散至整个平板表面，经培养后挑取单个菌落。重复此过程数次，即可分离纯化菌种（图 3-11）。

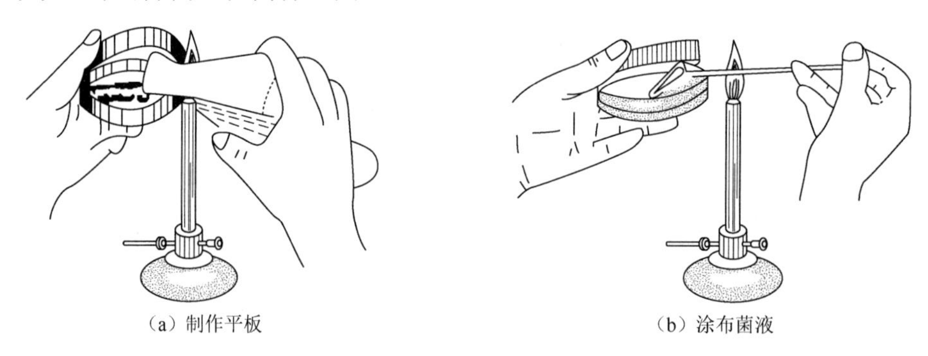

（a）制作平板　　（b）涂布菌液

图 3-11　涂布平板法示意图

三、注意事项

（1）接种操作时要使试管口或培养皿靠近火焰（即在无菌区内）。

（2）在固体培养基上划线时注意勿将培养基划破，也不要使菌体沾污管壁或其他地方。

（3）划线时接种环与平皿成30°～40°角，轻轻接触，以腕力在平板表面轻快滑动，不能划破琼脂培养基。

（4）划线要密而不重复，充分利用平板的表面，划线应占满平皿。

任务测评

微生物的分离纯化评价表见表 3-5。

表 3-5　微生物的分离纯化评价表

内容	评价标准	分值
准备工作	物品摆放整齐，手消毒方法正确	10
手握斜面	握持试管方法正确，斜面向上	10
接种环灭菌	接种环拿法正确，接种环先直立后倾斜灼烧，金属环烧红，接种环来回过火数次，可能进入试管部分都要灼烧到	10
拔棉塞	先松动棉塞，棉塞正确夹紧，棉塞不被污染；试管口微烧一周	10
取菌种	接种环伸入菌种管内先冷却；轻取菌少许；接种环抽出时不碰管壁或通过火焰	10
塞棉塞	试管口微烧一周；回塞时试管不能迎向棉塞	10
拿培养皿	培养皿拿法正确；开盖方法正确，开口小	10
划线	划线疏密适当、不重叠；划线时培养基不被划破；划线分区合理，最后一区与第一区不相连	20
划线完毕	灼烧试管口，在火焰旁将棉塞塞上；接种环上的余菌在火焰上彻底烧死	10
合计		100

任务考核

（1）什么是无菌技术？

（2）什么是纯培养？

（3）分离和纯化的目的及基本原理是什么？

任务五　微生物的菌种保藏

任务描述

菌种是重要的生物资源，为了确保通过分离纯化得到的微生物纯培养物不死亡、不变异、不被污染，保持其原有性状和活力，应尽可能研究和选择良好的菌种保藏方法。请根据要求利用微生物实验室的条件完成菌种的保藏任务。

任务要求

知识目标

（1）了解菌种保藏的基本原理。

（2）知道菌种保藏的常见方法。

能力目标

（1）掌握常用的微生物菌种保藏操作技术。

（2）具有良好的沟通、交流及自主学习的能力。

素质目标

通过小组讨论，增强与人沟通交流的意识。

基础知识

菌种保藏是指长时间保存微生物的菌种，且不污染其他杂菌，以及保持其形态特征和生理性状，减少变异，防止衰老，以便于将来使用。保藏菌种一般是选用它的休眠体，如孢子、芽孢等，并且要创造一个低温、干燥、缺氧、避光和缺少营养的环境条件，以利于长期处于休眠状态。对于不产孢子的微生物，应使其新陈代谢处于最低状态，又不会死亡，从而达到长期保存的目的。

保藏微生物菌种不仅要保存菌株的生命本身，而且必须尽可能地使菌株的遗传性状保持不变，同时保证其在整个保存过程中不被他种微生物污染。因此，选择一种能够长期有效且稳定的保藏微生物菌种的方法至关重要。

微生物种类繁多，且保藏方法的难易程度不同，所以微生物菌种的保藏方法也有许多。但是不管有多少种菌种保藏方法，其基本原理都是使微生物的代谢作用降至最低程度，从而使其处于不活泼的状态，即休眠状态。就微生物本身而言，保藏是利用其处于休眠状态的孢子或芽孢来实现的，保藏环境要求满足低温、干燥和缺氧 3 个条件。

保藏方法大致可分为以下几种。

一、传代培养保藏法

有些微生物当遇到冷冻或干燥等处理时，会很快死亡，因此在这种情况下，只能求助于传代培养保藏法。传代培养就是要定期地进行菌种转接、培养后再保存，它是最基本的微生物保藏法，如酸乳等的常用生产菌种的保存。

传代保藏时，培养基的浓度不宜过高，营养成分不宜过于丰富，尤其是碳水化合物的浓度应在可能的范围内尽量降低。培养温度通常以稍低于最适生长温度为好。若为产酸菌种，则应在培养基中添加少量碳酸钙。

一般地，大多数菌种的保藏温度以 5℃为好，像厌氧菌、霍乱弧菌及部分病原真菌等微生物菌种则可以在 37℃条件下保存，而蕈类等大型食用菌的菌种则可以在室温条件下直接保存。

传代培养保藏法虽然简便，但其缺点也很明显，例如：①菌种管棉塞容易发霉；②菌株的遗传性状容易发生变异；③反复传代时，菌株的病原性、形成生理活性物质的能力及形成孢子的能力等均有所降低；④需要定期转种，工作量大；⑤杂菌的污染机会较多。

二、悬液保藏法

悬液保藏法是一种使微生物混悬于适当溶液中进行保藏的方法，常用的方法如下。

（1）蒸馏水保藏法：适用于霉菌、酵母菌及绝大部分放线菌，将其菌体悬浮于蒸馏水中即可在室温下保藏数年。本法应注意避免水分的蒸发。

（2）糖液保藏法：适用于酵母菌，如将其菌体悬浮于10%的蔗糖溶液中，然后于冷暗处保藏，可保藏10年。除此之外，也可使用缓冲液或食盐水等进行保藏。

三、载体保藏法

载体保藏法是将微生物吸附在适当的载体（如土壤、沙土、硅胶、滤纸）上，然后进行干燥的保藏法。常用的方法如下。

（1）土壤保藏法：主要用于能形成孢子或孢囊的微生物菌种的保藏。方法是在灭菌的土壤中加入菌液，立即在室温下进行干燥或使菌体繁殖后再干燥，然后冷藏或在室温下密封保藏。保藏用的土壤，原则上以肥沃的耕土为宜，土壤需风干、粉碎、过筛和灭菌。

（2）沙土管保藏法：取清洁的沙土，过60目筛去掉大沙粒，并用磁铁吸去沙土中铁屑，再用NaOH溶液、10% HCl溶液和水交替清洗数次，干燥后，置于试管中2～3cm深，再经干热灭菌后，加入1mL菌种培养液，经充分混匀后，放入真空干燥器中，完全干燥后熔封保存。也可用两份洗净的沙土（经HCl预处理）和一份贫瘠、过筛的黄土掺和后灭菌，再进行菌种保藏。

（3）硅胶保藏法：以6～16目的无色硅胶代替沙土，干热灭菌后，加入菌液。加菌液时，由于硅胶的吸附热常使温度升高，因而需设法加以冷却。

（4）磁珠保藏法：将菌液浸入素烧磁珠（或多孔玻璃珠）后再进行干燥保藏的一种方法。在螺口试管中装入1/2管高的硅胶（或无水$CaSO_4$），上铺玻璃棉，再放上10～20粒磁珠，经干热灭菌后，接入菌悬液，最后经冷藏、室温保藏或减压干燥后密封保藏。本法对酵母菌很有效，特别适用于根瘤菌，可保藏长达两年半时间。

（5）麸皮保藏法：在麸皮内加入60%的水，经灭菌后接种培养，最后干燥保藏。

（6）纸片（滤纸）保藏法：将灭菌纸片浸入培养液或菌悬液中，常压或减压干燥后，置于装有干燥剂的容器内进行保存。

四、真空干燥保藏法

这类方法包括冷冻真空干燥法和L-干燥法。冷冻真空干燥法是将要保藏的微生物样品先经低温预冻，然后在低温状态下进行减压干燥。L-干燥法则不需要低温预冻样品，只是使样品维持在10～20℃进行真空干燥。

五、冷冻保藏法

冷冻保藏法适用于耐冻力强的微生物，这些微生物可在其菌体细胞外遭受冻结的情况下不受损伤，而对于其他大多数微生物而言，无论在细胞外冻结还是在细胞内冻结，都会对菌体造成损伤，因此当采用这种保藏方法时，应注意以下几点。

（1）要选择适于冷冻干燥的菌龄细胞。

（2）要选择适宜的培养基，因为某些微生物对冷冻的抵抗力，常随培养基成分的变化而显示出巨大差异。

（3）要选择合适浓度的菌液，通常菌液浓度越高，生存率越高，保藏期也越长。

（4）最好在菌液内不添加电解质（如 NaCl 等）。

（5）可在菌液内添加甘油等保护剂，以防止在冷冻过程中出现菌体大量死亡的现象。同样，也可添加各种糖类、去纤维血液和脱脂牛乳等具有良好保护效果的溶剂。但对有些微生物而言，不加保护剂更有效。

（6）原则上应尽快进行冷冻处理，但当加入保护剂后，可静置一段时间后再进行处理。

（7）取用冷冻保存的菌种时，应采取速融措施，即在 35～40℃温水中轻轻振荡使之迅速融化。而就厌氧菌来说，则应选择静置融化的措施。当冷冻菌融化后，应尽量避免再次冷冻，否则菌体的存活率将显著下降。

（8）若进行长期保藏，则保藏温度越低越好。

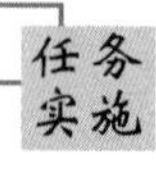

一、材料准备

1. 菌种

大肠杆菌斜面菌种、金黄色葡萄球菌斜面菌种、酿酒酵母斜面菌种，待保藏的细菌、酵母菌和霉菌。

2. 培养基和溶液

营养琼脂斜面和半固体直立柱（培养细菌）、麦芽汁琼脂斜面和半固体直立柱（培养酵母菌）、高氏 1 号琼脂斜面（培养放线菌）、马铃薯蔗糖斜面培养基（用蔗糖代替葡萄糖有利于孢子形成及培养丝状真菌）、LB 液体培养基。

3. 器材

玻璃珠、摇床、无菌吸管、培养皿、恒温培养箱、玻璃涂布棒、接种环、酒精灯、标签纸、超净工作台、无菌试管、无菌培养皿。

4. 试剂

无菌液体石蜡、沙土、甘油。

二、操作步骤

1. 斜面低温保藏法（适用于细菌、放线菌、酵母菌及霉菌的保藏）

（1）贴标签：将注有菌株名称和日期的标签贴于试管斜面的正下方。

（2）接种：将待保藏的菌种用斜面接种法移接至注明菌名的试管斜面上。

（3）培养：细菌置37℃恒温箱中培养18～24h，酵母菌置28℃恒温箱中培养36～60h，丝状真菌置28℃下培养4～7d。需用健壮的细胞或孢子作为保藏菌种。例如，细菌和酵母菌应采用对数生长期后期的细胞，不宜用稳定期后期的细胞（因该期细胞已趋向衰老），丝状真菌则宜采用成熟的孢子。

（4）保藏：为防止棉塞受潮长杂菌，管口棉塞外应用牛皮纸包扎，或用熔化的固体石蜡熔封棉塞后置4～5℃冰箱保藏。保藏温度不宜太低，否则斜面培养基因结冰脱水而加速菌种的死亡。

2. 固体穿刺保藏法（适用于兼性厌氧细菌或酵母菌的保藏）

（1）贴标签：将注有菌株名称和接种日期的标签贴在半固体直立柱试管上。

（2）穿刺接种：用穿刺接种法将菌种直刺入直立柱中央，注意不要穿透底部。

（3）培养：见斜面低温保藏法。

（4）保藏：待菌种生长好后，用浸有石蜡的无菌软木塞或橡皮塞代替棉花塞塞紧试管，置4～5℃冰箱中保藏，一般可保藏半年至一年。

3. 液体石蜡保藏法（适用于真菌和放线菌的保藏）

液体石蜡保藏法亦称矿物油保藏法，指将菌种接种在适宜的斜面培养基上，最适条件下培养至菌种长出健壮菌落后注入灭菌的液体石蜡，使其覆盖整个斜面，再直立放置于低温（4～6℃）干燥处进行保存的一种菌种保藏方法。

（1）无菌液体石蜡制备：选用优质化学纯液体石蜡，将液体石蜡置于100mL的锥形瓶内，每瓶装10mL，塞上棉塞，外包牛皮纸，进行高压蒸汽灭菌（0.1MPa、30min）。灭菌后将装有液体石蜡的锥形瓶置于105～110℃的烘箱内约1h，以除去液体石蜡中的水分。也可160℃干热灭菌2h，冷却后，经无菌检查后备用。

（2）接种、培养及保藏：将菌种接种在适宜的斜面培养基上，在适宜温度下培养，使其充分生长。用无菌吸管吸取无菌液体石蜡，注入已长好菌的斜面上，液体石蜡的用量以高出斜面顶端1cm左右为准，使菌种与空气隔绝，直立于4～5℃冰箱或室温下保藏，保藏期为1～2年。到保藏期后，将菌种转接至新的斜面培养基上，培养后加入适量灭菌液体石蜡，再行保藏。

4. 沙土管保藏法（适用于产孢子的芽孢杆菌、梭菌、放线菌和霉菌的保藏）

沙土管保藏法是载体保藏法的一种。将培养好的微生物细胞或孢子用无菌水制成悬浮液，注入灭菌的沙土管中混合均匀，或直接将成熟孢子刮下接种于灭菌的沙土管中，使微生物细胞或孢子吸附在沙土上，将管中水分抽干后熔封管口或置干燥器中于4～6℃或室温进行保藏的一种菌种保藏方法。

操作步骤如下。

（1）无菌沙土管制备：取河沙若干，用40目筛子过筛，除去大的颗粒。再用10% HCl溶液浸泡（用量以浸没沙面为度）4h（或煮沸 30min），除去有机杂质，倒出盐酸，用自来水冲洗至中性，烘干。另取非耕作层黄瘦土若干，磨细，用100目筛子过筛。取1份制备的土加4份沙混合均匀，装入小试管中。装量约1cm高即可，塞上棉塞，0.1MPa灭菌1h，每天一次，连灭3d。

（2）制备菌悬液：吸取3～5mL无菌水至1支已培养好的菌种斜面中，用接种环轻轻搅动培养物，使成菌悬液。

（3）加样及干燥：用无菌吸管吸取菌悬液，在每支沙土管中滴加4～5滴菌悬液，塞上棉塞，振荡混匀。将已滴加菌悬液的沙土管置于预先放有五氧化二磷或无水氯化钙的干燥器内。当五氧化二磷或无水氯化钙因吸水变成糊状时应进行更换。如此数次，沙土管即可干燥。也可用真空泵连续抽气约3h，即可达到干燥效果。

（4）抽样检查：从抽干的沙土管中，每10支抽取1支进行检查。用接种环取少许沙土，接种到适合于所保藏菌种生长的斜面上，进行培养，观察所保藏菌种的生长情况及有无杂菌。

（5）保藏：检查合格后，可采用以下方法进行保藏。

① 将沙土管继续放入干燥器中，置于室温或冰箱中。

② 将沙土管带塞一端浸入熔化的石蜡中，密封管口。

③ 在煤气灯上，将沙土管的棉塞下端的玻璃烧熔，封住管口，再置4℃冰箱中保藏。此法可保藏菌种1年到数年。

（6）恢复培养：无菌条件下打开沙土管，取部分沙土粒于适宜的斜面培养基上，长出菌落后再转接一次。或取沙土粒于适宜的液体培养基中，增殖培养后再转接斜面。

5. 甘油保藏法（适用于细菌保藏）

（1）无菌甘油制备：将甘油置于100mL的锥形瓶内，每瓶装10mL，塞上棉塞，外包牛皮纸，高压蒸汽灭菌（0.1MPa、20min）。

（2）接种、培养及保藏：挑取一环菌种接入LB液体培养基试管中，37℃振荡培养至充分生长。用吸管吸取0.85mL培养液，置入一支带有螺口盖和空气密封圈的试管中或一支1.5mL的Eppendorf管中，再加入0.15mL无菌甘油，封口，振荡混匀。然后将其置于乙醇-干冰或液氮中速冻。最后将已冰冻含甘油的培养物置-70～-20℃保藏，保藏期为 0.5～1 年。到期后，用接种环从冻结的表面刮取培养物，接种至 LB 斜面上，37℃培养 48h。然后用接种环从斜面上挑取一环长好的培养物，置入装有 2mL LB 培养液的试管中，再加入 2mL 含 30%无菌甘油的 LB 液体培养基，振荡混匀。最后分装于带有螺口盖和空气密封圈的无菌试管中或 1.5mL 的 Eppendorf 管中，按上述方法速冻保藏。

三、注意事项

（1）每种保藏法都有其适宜的保藏范围，要根据被保藏菌种的特性选择适宜的保藏方法。如有的微生物不耐冷，可采用真空干燥保藏法而不选择冷冻真空干燥保藏法；有的不耐干燥，则不宜选择载体保藏法，如沙土管保藏法。

（2）珍贵菌种需同时由多人保藏，以免菌种丢失。

任务测评

微生物的菌种保藏评价表见表 3-6。

表 3-6　微生物的菌种保藏评价表

内容	评价标准	分值
准备工作	标签注有菌株名称和日期，贴于试管斜面的正下方；物品摆放整齐；手消毒方法正确	10
接种	将待保藏的菌种用斜面接种法移接至注明菌名的试管斜面上，握持试管方法正确、斜面向上	10
	接种环拿法正确，接种环先直立后倾斜灼烧，将金属环烧红，接种环来回过火数次，可能进入试管部分都要灼烧到	10
	能先松动棉塞，棉塞正确夹紧，棉塞不被污染；试管口微烧一周	10
	接种环伸入菌种管内应先冷却；轻取菌少许；接种环抽出时不碰管壁及通过火焰	10
	试管口微烧一周；回塞时试管不能迎向棉塞	10
培养	培养温度合适：细菌置 37℃恒温箱中培养 18～24h，酵母菌置 28℃恒温箱中培养 36～60h，丝状真菌置 28℃下培养 4～7d	20
收藏	管口棉塞外应用牛皮纸包扎，或用熔化的固体石蜡熔封棉塞后置 4～5℃冰箱保存，棉塞没有受潮、长杂菌	20
合计		100

（1）根据你自己的实验，谈谈一两种菌种保藏方法的利弊。

（2）你认为哪些因素影响菌种的存活性？

（3）微生物菌种保藏的原理是什么？保藏方法有哪些？

微生物在食品和其他方面的应用，都主要是利用它的菌体及其产生的代谢产物和酶类，而这与微生物的生长是密切相关的，所以掌握微生物的生长特性、学会微生物生长的控制方法是很有必要的。

任务一 微生物生长规律的探索

任务描述

某发酵工业生产中由于生产周期延长，设备的利用率有所降低，请你们根据微生物的生长规律积极探索，提出应采取的措施。

任务要求

知识目标

（1）掌握生长曲线的概念。
（2）熟悉生长曲线各时期的特点及对实践的指导意义。

能力目标

（1）不断提高与人沟通、交往及自主学习的能力。
（2）具有克服困难的能力。

素质目标

（1）通过小组讨论，增强完成任务的合作意识。
（2）通过发表观点，增强自我表现意识。

基础知识

一、微生物的生长

微生物在适宜的环境中，按照自己的代谢方式不断地吸收营养物质，进行新陈代谢，即进行同化作用和异化作用。如果同化作用大于异化作用，细胞会增大，细胞的体积逐渐增加，这就是生长。细胞的生长是有一定限度的，当增大到一定限度时，细胞就开始分裂，形成两个基本相似的子细胞，子细胞又可重复进行生长和分裂。细胞分裂形成子细胞，使个体数目增加，这就是分裂。从生长到繁殖的过程也就是由量变到质变的发展过程，这一质变过程称为发育。微生物在比较合适的条件下，能正常生长和繁殖。当环境发生某些变化，且此变化超过了微生物能适应忍受的程度时，微生物的生命活动就会受到抑制而发生变异，甚至死亡。

细菌以群体数目的增加作为生长标志，因为很难将其生长与繁殖分开。放线菌和霉菌以菌丝的伸长和分枝作为生长标志。

二、生长曲线

对于细菌等单细胞微生物，以细胞数目的对数为纵坐标，以培养时间为横坐标作图时可以绘出一条曲线，此曲线称为生长曲线。

细菌各个时期生长繁殖速度不同，因此，生长曲线又可分为延迟期、对数期、稳定期和衰亡期（图 4-1）。

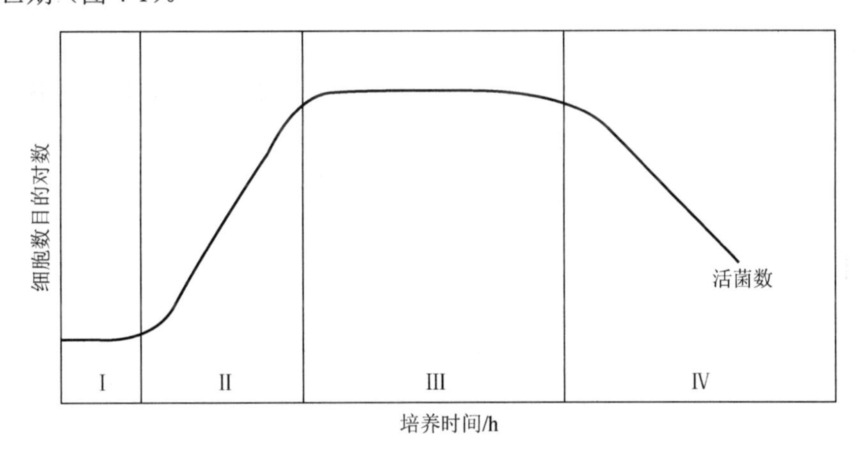

图 4-1　单细胞微生物生长的典型曲线

Ⅰ. 延迟期；Ⅱ. 对数期；Ⅲ. 稳定期；Ⅳ. 衰亡期

1. 延迟期

少量的细菌接种到新鲜培养基后，开始时细胞一般不立即进行繁殖。因此，它们的细菌数几乎不增加，甚至还会减少。生长曲线中的这一段时间称为延迟期。处于延迟期的细菌体积增长较快，特别是在此期的末期。

延迟期的出现可能是因为细胞在新的环境中，需要合成新的必需的酶、辅酶或某些中间代谢产物，或者为了适应新环境而需要调整代谢。延迟期的长短与菌种的遗传性、菌龄及移接到新鲜培养基前后所处的环境条件等因素有关。繁殖速度较快的菌种接种时，其延迟期较短，甚至检查不到延迟期；接种到同样组成的培养基比接种到组成不同的培养基中，其延迟期要短些；增大接种量可缩短甚至消除延迟期。

2. 对数期

在延迟期末，细胞开始出现较大量的分裂，培养基中的菌数急剧增加，进入了对数期。在对数期内，生长曲线呈一条直线。

对数期的菌数按几何级数增加，即 1 个细菌繁殖几代，产生 2^n 个细胞。对数期的菌体代谢活跃，消耗营养多，生长速率高，个体数目显著增多。另外，群体中的细胞化学组成与形态、生理特征等比较一致，这一时期的菌种很健壮。

3. 稳定期

在一定的培养液中，细菌不可能按对数期的高速率无限地生长繁殖，这是由于对数期细菌的活跃生长已经消耗了大量的营养物质，所以，在对数期末，细菌生长速率逐渐下降，死亡率大量增加，以致新增殖的细胞数与死亡的细胞数趋于平衡，因此活菌数保持相对的稳定，这一阶段称为稳定期。

处于稳定期的细胞生活力逐渐减弱，开始大量储存代谢产物，同时也积累了许多不利于微生物活动的代谢产物。微生物的生长改变了它自己的生活条件，出现了不利于细菌生长的因素，致使大多数芽孢杆菌在稳定期形成芽孢。

4. 衰亡期

稳定期后，如再继续培养，细菌死亡率逐渐增加，以致其死亡数大大超过新生数，总的活菌数明显下降，即进入衰亡期。其中，有一阶段活菌数以几何级数下降，因此，衰亡期也称为对数衰亡期。这个时期，细菌菌体常出现多种形态，包括畸形和衰退型。

任务实施

一、材料准备

单细胞微生物生长曲线图。

二、操作步骤

单细胞微生物生长曲线，反映了一种微生物在某种生活环境（试管、摇瓶、发酵罐）中的生长、繁殖和死亡的规律。生长曲线既可为研究营养和环境条件提供理论依据，又可用来调控微生物的生长发育。

1. 缩短延迟期

延迟期的长短能影响微生物的正常生长周期，在发酵工业生产中延长生产周期，会

降低设备的利用率，因此，生产实践中总是设法缩短延迟期。为此，采取的措施有增加接种量、用对数生长期的菌种、用健壮的菌种、在种子培养基中加入发酵培养基中的某些成分、采用最适菌龄等。

2. 把握对数期

对数期群体中的细胞化学组成与形态、生理特征等比较一致，这一时期的菌种很健壮，因此，在生产上常用它作为接种的种子，可以缩短发酵周期，提高设备利用率。实验室也多用对数期的细胞作为实验材料。通常对数期维持的时间较长，对数期的长短也受营养及环境条件影响。

3. 延长稳定期

由于稳定期有大量代谢产物积累，人们要获得其代谢物质，可在这一时期提取。在稳定期内，活菌数达到最高水平。如要得到大量菌体，也应在此期开始收获。稳定期持续时间长短取决于菌种的繁殖与衰亡的数量之比。环境条件对稳定期的长短也有影响。

4. 监控衰亡期

衰亡期细菌菌体常出现多种形态，包括畸形和衰退型，因此，此期的菌种不宜作种子。

三、归纳总结

通过对微生物生长曲线的分析可见，微生物的生长曲线可以用于指导微生物发酵工程。

（1）微生物在对数期生长速率最快。

（2）营养物的消耗、代谢产物的积累及因此引起的培养条件的变化，是限制培养液中微生物继续快速增殖的主要原因。

（3）用生活力旺盛的对数期细胞接种，可以缩短延迟期，加速进入对数期。

（4）补充营养物，调节因生长而改变了的环境 pH、氧化还原电位，排除培养环境中的有害代谢产物，可延长对数期，提高培养液菌体浓度与有用代谢产物的产量。

（5）对数期以菌体生长为主，稳定期以代谢产物合成与积累为主。

（6）根据发酵目的的不同，确定在微生物发酵的不同时期进行收获。

任务测评

微生物生长规律的探索评价表见表 4-1。

表 4-1　微生物生长规律的探索评价表

内容	评价标准	分值
微生物生长曲线	能绘制微生物生长曲线图并说出各个时期的特征	20
缩短延迟期	能说出应采取的措施，如增加接种量；用对数期的菌种；用健壮的菌种，在种子培养基中加入发酵培养基中的某些成分；采用最适菌龄等	20
把握对数期	能说出在生产上常用对数期菌种作为种子，以缩短发酵周期，提高设备利用率。实验室也多用对数期的细胞作为实验材料	20
延长稳定期	能说出由于稳定期有大量代谢产物积累，人们要获得其代谢物质，可在这一时期提取。在此稳定期内，活菌数达到最高水平。如要得到大量菌体，也应在此期开始收获	20
监控衰亡期	能说出衰亡期细菌菌体常出现多种形态，包括畸形和衰退型，因此，此期的菌种不宜作种子	20
合计		100

任务考核

（1）说出生长曲线的概念及划分为哪几个时期。

（2）说出生长曲线各时期的特点及对实践的指导意义。

任务二　微生物生长量的测定

任务描述

酵母菌发酵中死亡、衰退是杂味的来源之一。某啤酒生产企业通过测定酵母菌的数量来判断酵母菌的生长状态，请你们协助完成此任务。

任务要求

知识目标

（1）理解细胞计数板的计数原理。

（2）掌握细胞计数板的构造。

能力目标

（1）学会使用细胞计数板进行微生物计数。

（2）具有克服困难的能力。

素质目标

通过自学完成酵母菌数量的测定任务，培养完成工作任务的积极态度。

基础知识

一、微生物生长的测定

1. 单细胞微生物生长的测定

单细胞微生物是指细菌和酵母菌等，测定它们的生长量不是测定细胞大小，而是测定群体增长量。方法如下。

1）全数测定

所谓全数测定，是培养一定时间后测定细胞的总数，既包括活的细胞，也包括死的细胞。

（1）计数器法：采用细胞计数板。

（2）染色涂片计数法：取定量菌液将其涂布于 $1cm^2$ 的面积内，染色、镜检、计数。

（3）比浊法：测定菌液中细胞数的快速方法，原理是菌液中细胞量越多，浊度越大。用未知细胞数的菌液和已知细胞数的菌液相比，来求出未知细胞数菌液中的细胞数。

2）活菌计数法

活菌计数法用于测定活菌数。

（1）稀释平板法：取待测的细胞悬液作一系列稀释，稀释级数越高，稀释液中细胞数越少，越易在培养皿上出现单个菌落。

（2）液体稀释培养法：采用统计学原理进行测定，如大肠菌群的测定采用此方法。

2. 多细胞微生物生长的测定

多细胞微生物以菌丝生长的长度或菌丝增加的质量作为生长指标。最简单的方法是将霉菌接种在培养皿内固体培养基中央，在一定时间内测定菌落的直径或面积。对于生长速度快的霉菌，可每 24h 测量一次，求出菌丝的平均生长速度。

3. 细胞物质的测定

（1）干重法：过滤或离心，烘干称量。

（2）含氮量法：细胞的蛋白质含量比较稳定，而氮又是蛋白质的重要组成。因此，可以通过测定微生物细胞的含氮量来了解其生长情况。

二、显微直接计数法

显微直接计数法是将少量待测样品的悬浮液置于一种特别的具有确定面积和容积的载玻片上（又称计菌器），于显微镜下直接计数的一种简单、快速、直观的方法。在显微镜下对酵母菌活细胞进行计数的常用工具是细胞计数板。细胞计数板是一种专门用于计数较大单细胞微生物的器材，由于操作简单快捷，并可以对细胞形态进行分析，因此在微生物实验室广泛使用。当然，细胞计数板的缺点也是很明显的，一方面，是食品颗粒与细胞不易区分，活细胞和死细胞都被计数，因此计数结果比平板计数法要高，部分微生物细胞不易分散均匀，有一些细胞可能没被计数；另一方面，长时间操作计数也容易引起眼部疲劳。

细胞计数板（图 4-2）由一块比普通载玻片厚的特质玻片制成，玻片中部有 4 条下凹的槽，将玻片分为 3 个平台，中间的平台较宽，其中间又被一短横槽隔为两半，每半边上面刻有一个方格网。方格网上有 9 个大方格，其中只有中间的一个大方格为计数室。常见的细胞计数板的计数室有两种规格（图 4-3）：一种是 25×16 型，称为希里格式细胞计数板，此计数板分 25 个中方格，每个中方格分为 16 个小方格；另一种是 16×25 型，称为麦氏细胞计数板，此细胞计数板分为 16 个中方格，每个中方格分为 25 个小方格。这两种细胞计数板的共同点是均有 400 个小方格。

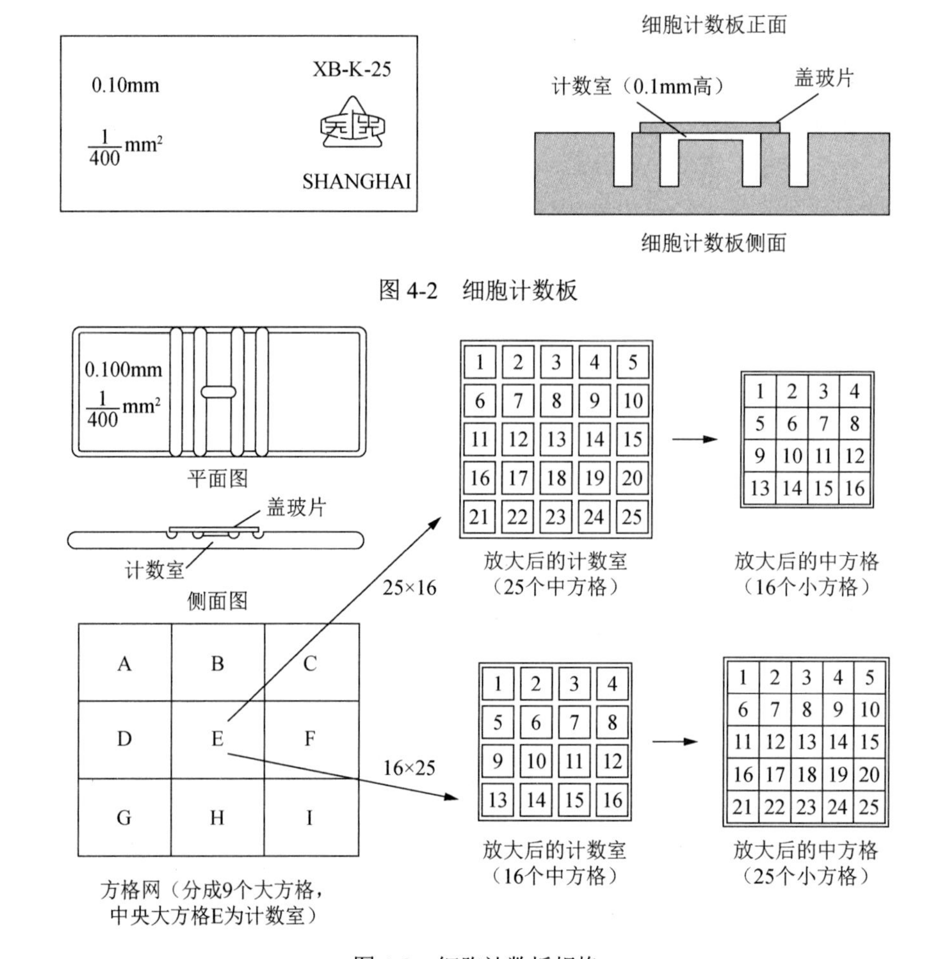

图 4-2　细胞计数板

图 4-3　细胞计数板规格

计数室的长宽均为 1mm，深度为 0.1mm，其容积为 0.1mm^3。用细胞计数板计数时，先测定每个小方格（或中方格）的微生物量，再换算成每毫升菌液（或每克样品）中微生物细胞的数量。由于细胞计数板比较厚，不能使用油镜观察，因此其不适合计数较小的细菌。

任务实施

一、材料准备

显微镜、载玻片及盖玻片、无菌滴管、酒精灯、无菌生理盐水、接种环、香柏油、二甲苯、擦镜纸、酿酒酵母斜面培养物。

二、操作步骤

具体操作视频参看二维码。

视频：微生物的数量测定

1）检查细胞计数板

先在显微镜下检查细胞计数板的计数室，看有无杂质或菌体，若不干净则用蘸有95%乙醇的脱脂棉轻轻擦洗，再用蒸馏水冲净，最后用滤纸吸干水分后用擦镜纸擦净。

2）稀释

用无菌水稀释菌液，直至菌液稀释到每小方格的菌数可数，以每小方格 5～10 个菌体为宜。

3）加样

取一清洁干燥的细胞计数板，盖上盖玻片。将菌悬液摇匀，用无菌滴管吸取少许，沿盖玻片的边缘滴一小滴，利用毛细管作用使菌液自行渗入计数室。注意不可产生气泡，两个平台都滴加菌液。多余菌液用吸水纸吸去。

4）显微镜计数

静置 3～5min 后镜检。先用低倍镜找到计数室（光线不宜太强），然后转换高倍镜进行计数。计数时，规格为 16×25 的计数板只计算左上、左下、右上和右下 4 个中方格（即 100 小方格）内的酵母菌数；规格为 25×16 的计数板除统计上述 4 个中方格外，还需增加中央 1 个中方格（即 80 个小方格）的酵母菌数（图 4-4）。

如菌体位于中方格的双线上，只统计上线和右线上的菌体数。对于出芽的酵母菌，当芽体达母细胞大小一半时，可作为 2 个菌体计数。计数时注意转动细调节螺旋，以便上下液层的菌体均可观测到。每个样品重复计数 2 至 3 次（每次数值不应过大，否则重新操作），取其平均值。

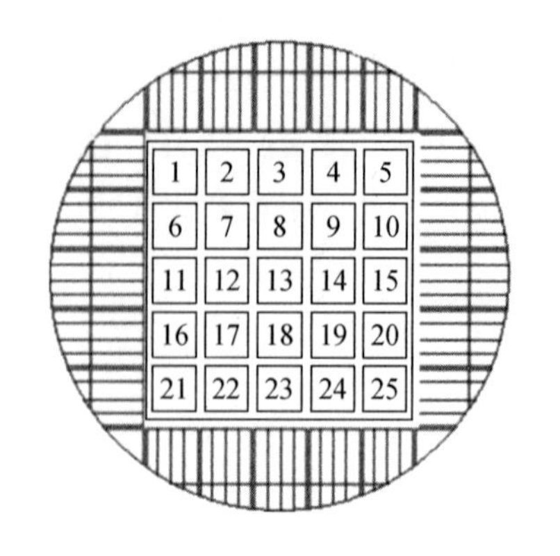

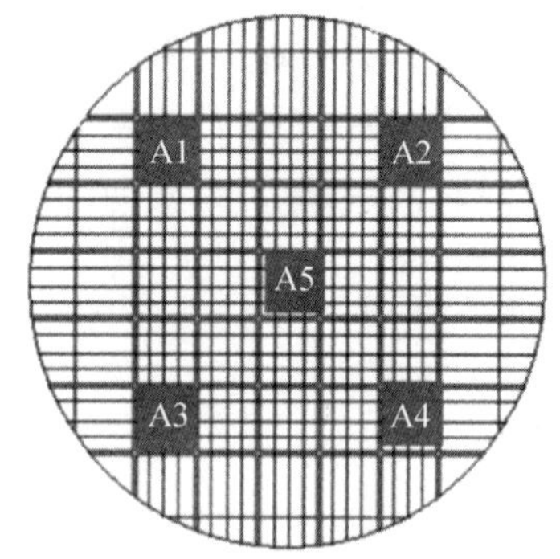

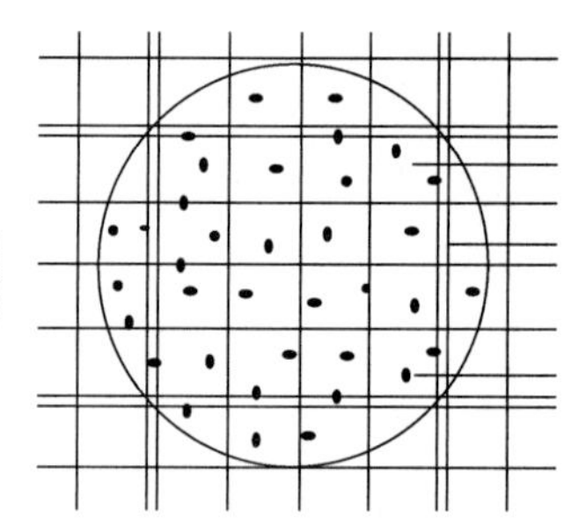

图 4-4　显微镜计数

5）计算

25×16 规格的计数板：

每毫升菌液的含菌数=80 个小方格中菌数/80×400×10 000×稀释倍数

16×25 规格的计数板：

每毫升菌液的含菌数=100 个小方格中菌数/100×400×10 000×稀释倍数

6）清洗

计数板使用完毕后，用急流的水冲洗，切勿用硬物洗刷，避免损坏网格刻度。洗后自然晾干或用电吹风吹干，也可用滤纸吸干水分后再用擦镜纸擦干，镜检计数室内无残留菌体或其他沉淀物即可，否则应重新清洗干净。

7）结果记录

将计数结果记录于表 4-2 中。

表 4-2　菌落计数结果

计数次数	每个中方格的菌数					大方格中细菌总数	稀释倍数	总菌数/（个/mL 或个/g）	平均值
	左上	右上	左下	右下	中间				
第 1 次									
第 2 次									

三、注意事项

（1）样品浓度必须适宜，如样品浓度太大需作一定稀释后再计数，以分布于计数室每一小方格 3～10 个细胞为宜。

（2）清洗计数板时，用急流的水冲洗，切勿用硬物洗刷或用纸擦洗，以免损坏网格刻度。

任务测评

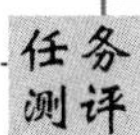

微生物生长量的测定评价表见表 4-3。

表 4-3　微生物生长量的测定评价表

内容	评价标准	分值
镜检	计数室无污物	10
稀释	每小方格 3～10 个菌体为宜	10
加样	能摇匀菌悬液；没有气泡产生；多余菌液能用吸水纸吸去	20
计数	先用低倍镜找到计数室；再用高倍镜进行计数；结果填在表格内，计数误差小，记录规范	30
计算	公式选择正确，结果正确	20
清洁	显微镜正确清洁、复原；计数板清洗干净，方法正确	10
合计		100

任务考核

（1）能否用细胞计数板在油镜下进行计数？为什么？

（2）根据自己体会，说明细胞计数板计数的误差主要来自哪些方面？如何减少误差？

任务三　微生物生长的控制

任务描述

食品工业上，尽量在延迟期进行消毒或灭菌，同时尽量避免有害微生物进入对数期。微生物检测工作中为保证检测的准确性，经常要完成器皿和培养基的灭菌工作，因此学会选择和使用合适的灭菌方法十分必要。

任务要求

知识目标

（1）掌握防腐、消毒、灭菌、商业灭菌的概念。

（2）掌握高温灭菌的类型及干燥灭菌、湿热灭菌的原理与方法。

能力目标

（1）学会灭菌设备的使用方法。

（2）具有克服困难的能力。

素质目标

（1）通过高压蒸汽灭菌锅的使用，增强使用设备的安全意识。

（2）通过结合设备实物学习，培养探究精神。

基础知识

一、环境条件对微生物的影响

环境因素包括物理条件、化学条件和生物条件，外界环境对微生物的作用有 3 种情况：

（1）外界环境条件适宜时，微生物生长旺盛，代谢作用加速。

（2）外界环境条件不太适宜时，微生物生长缓慢，代谢作用受到一定程度的抑制。

（3）外界环境不适宜的情况达到微生物难以忍受的程度时，微生物生命活动受到严重影响，可能发生变异或死亡。

人们控制和调节微生物所处环境条件的目的是促进某些有益微生物的生长，发挥它们的有益作用；抑制和杀死那些不利于人类的微生物，并清除它们的有害作用，如防止食品的腐败变质等。

消毒和灭菌两个词在实际使用中常被混用，其实它们的含义是有所不同的。所以应了解以下常用的几个概念。

（1）防腐：又称抑菌，即防止或抑制微生物的生长繁殖。用于防腐的化学药品称为防腐剂。某些化学药物在低浓度时为防腐剂，在高浓度时则成为消毒剂。

（2）消毒：杀死病原微生物，而对非病原微生物及芽孢和孢子不一定完全杀死的措施。用来消毒的药物称为消毒剂。

（3）灭菌：杀灭物体上所有的微生物，包括病原微生物及非病原微生物。

（4）商业灭菌：从商品的需要出发对食品进行的灭菌。食品经过灭菌处理后，按一定的检验方法检不出活的微生物或者仅能检出极少数的非病原微生物，而且，它们在一定的保存期内不至于引起食品变质腐败。

（5）无菌：无活的微生物存在，如无菌操作。

（6）死亡：微生物不可逆地丧失了生长繁殖的能力，即使再放到合适的环境中也不再繁殖。

二、物理方法

1. 温度

温度是影响有机体生长与存活的重要因素之一。它对生活机体的影响表现在两方面。一方面，随着温度的上升，细胞中的生物化学反应速率和生长速率加快。在一般情况下，温度每升高 10℃，生化反应速率增加一倍。另一方面，机体的重要组成如蛋白质、

核酸等对温度都较敏感，随着温度的升高而可能遭受不可逆的破坏。因此，只有在一定范围内，机体的代谢活动与生长繁殖速率才随着温度的上升而增加，当温度上升到一定程度时，开始对机体产生不利影响，如再继续升高，则细胞功能急剧下降以至死亡。

就总体而言，微生物生长的温度范围较广，已知的微生物在-10～+95℃均可生长。而每一种微生物只能在一定的温度范围内生长。各种微生物都有其生长繁殖的最低生长温度、最适生长温度、最高生长温度和致死温度。

最低生长温度是指微生物进行繁殖的最低温度界限，如果低于此温度，则生长完全停止。

最适生长温度是指使微生物迅速生长繁殖的温度，在此温度下，微生物群体生长繁殖速度最快，代时最短。不同微生物的最适生长温度是不一样的。

最高生长温度是指微生物生长繁殖的最高温度界限。

最高生长温度若进一步升高，便可杀死微生物，这种致使微生物死亡的最低温度界限即为致死温度，致死温度与处理时间有关。

微生物按其生长温度范围可分为低温微生物、中温微生物和高温微生物 3 类。

利用温度进行灭菌、消毒或防腐，是最常用而又方便有效的方法。高温可使微生物细胞内的蛋白质和酶类发生变性而失活，从而起灭菌作用；低温通常起抑菌作用。

高温灭菌方法分为干热灭菌法和湿热灭菌法。

1）干热灭菌法

（1）灼烧灭菌（火焰灭菌）法：直接利用火焰燃烧杀灭微生物。此法彻底可靠，灭菌迅速，但易焚毁物品，所以使用范围有限，只适合于接种针、接种环、试管口，以及仍可用的污染物品或实验动物的尸体等的灭菌。

（2）干热空气灭菌法：这是实验室中常用的一种方法，即把待灭菌的物品均匀地放入烘箱中，升温至 160℃，恒温 1h 即可。此法适用于玻璃器皿、金属用具等的灭菌。

2）湿热灭菌法

在同样的温度下，湿热灭菌法的效果比干热灭菌法好，这是因为：一方面，细胞内蛋白质含水量高，容易变性；另一方面，高温水蒸气对蛋白质有高度的穿透力，从而加速蛋白质变性而使其迅速死亡。

（1）间歇灭菌法：将待灭菌的物品加热至 100℃，灭菌 15～30min，杀死其中的营养体。然后冷却，放入 37℃恒温箱中过夜，让残留的芽孢萌发成营养体。第 2 天再重复上述步骤 3 次左右，就可达到灭菌的目的。此法不需加压灭菌，但操作麻烦，所需时间长。

（2）巴氏消毒法：有些食物会因高温破坏营养成分或影响质量，如牛奶、酱油、啤酒等，所以只能用较低的温度来杀死其中的病原微生物，这样既保持食物的营养和风味，又进行了消毒，保证了食品卫生。该法一般在 62℃，保持 30min 即可达到消毒目的。此法为法国微生物学家巴斯德首创，故名巴氏消毒法。

（3）煮沸消毒法：直接将要消毒的物品放入清水中，煮沸 15min，即可杀死细菌的全部营养体和部分芽孢。若在清水中加入 1%碳酸钠或 2%石炭酸，则效果更好。此法适用于注射器、毛巾及解剖用具的消毒。

（4）高压蒸汽灭菌法：这是发酵工业、医疗保健、食品检测和微生物学实验室中最常用的一种灭菌方法。它适用于各种耐热、体积大的培养基的灭菌，也适用于玻璃器皿、工作服等物品的灭菌。高压蒸汽灭菌是把待灭菌的物品放在一个可密闭的高压蒸汽灭菌锅中进行的，以大量蒸汽使其中压力升高。由于蒸汽压的上升，水的沸点也随之提高。在蒸汽压达到 1.055kg/cm^2 时，高压蒸汽灭菌锅内的温度可达到 121℃。在这种情况下，微生物（包括芽孢）在 15～20min 便会被杀死，从而达到灭菌目的。如灭菌的对象是沙土、液体石蜡等面积大、含菌多、传热差的物品，则应适当延长灭菌时间。在高压蒸汽灭菌中，需要注意的一个问题是，在恒压之前，一定要排尽灭菌锅中的冷空气，否则表上的蒸汽压与蒸汽温度之间不具有对应关系，这样会大大降低灭菌效果。

（5）超高温瞬时杀菌法：灭菌温度 132～150℃，保持 3～5s，可杀死微生物的营养细胞和耐热性强的芽孢，但污染严重的鲜乳在 142℃以上杀菌效果才好。

2. 湿度

水分是微生物的正常生命活动必不可少的，干燥会导致细胞失水而造成代谢停止甚至死亡。微生物的种类、环境条件、干燥的程度等均影响干燥对微生物的效果。休眠孢子耐干燥能力也很强，在干燥条件下可长期不死，这一特性已用于菌种保藏，如用沙土管来保藏有孢子的菌种。在日常生活中也常用烘干、晒干和熏干等方法来保存食物。

3. 渗透压

水或其他溶剂经过半透性膜而进行扩散的现象就是渗透。在渗透时溶剂通过半透性膜时的压力即渗透压，其大小与溶液浓度成正比。

适宜微生物生长的渗透压范围较广，而且微生物往往对渗透压有一定的适应能力。突然改变渗透压会使微生物失去活性，逐渐改变渗透压，微生物常能适应这种改变。对一般微生物来说，它们的细胞若置于高渗溶液中，水将通过细胞膜从低浓度的细胞内进入细胞周围的溶液中，造成细胞脱水而引起质壁分离，使细胞不能生长甚至死亡。相反，若将微生物置于低渗溶液或水中，外环境中的水将从溶液进入细胞内引起细胞膨胀，甚至使细胞破裂。

由于一般微生物不能耐受高渗透压，所以日常生活中常用高浓度的盐或糖保存食物，如腌渍蔬菜、腌渍肉类及蜜饯等。

4. 氧化还原电位

不同微生物需要的氧化还原电位不同。氧化还原电位（Φ）对微生物生长有明显影响。环境中氧化还原电位与氧分压有关，也受 pH 的影响。pH 低时，氧化还原电位高；

pH 高时，氧化还原电位低。各种微生物生长所要求的氧化还原电位不一样。一般好氧性微生物在氧化还原电位+0.1V 时均可生长。厌氧性微生物只能在氧化还原电位小于+0.1V 时生长。兼性厌氧微生物在氧化还原电位大于+0.1V 时进行好氧呼吸，在氧化还原电位小于+0.1V 时进行发酵。

5. 辐射

辐射是指通过空气或外层空间以波动方式从一个地方传播或传递到另一个地方的能源。它们或是离子或是电磁波。电磁辐射包括可见光、红外线、紫外线、X 射线和γ射线等。利用各种射线照射杀菌时不需要高温，所以这类杀菌又称为冷杀菌。利用辐射进行灭菌消毒，可以避免高温灭菌或化学药剂消毒的缺点，所以应用越来越广。

1）紫外线

接种室、手术室、食品、药物包装室常应用紫外线杀菌。

细胞中的核酸可吸收紫外线，紫外线的辐射能量作用于核酸时，能引起核酸的变化，妨碍蛋白质和酶的合成。紫外线杀菌常用于空气消毒和器材物体表面消毒。

2）X 射线、γ 射线

X 射线和 γ 射线能破坏和改变生物大分子的结构，从而抑制或杀死微生物，可用于食品杀菌。二者都有穿透能力，但 X 射线不如 γ 射线穿透能力强。γ 射线波长更短，被空气吸收较少，射程远，穿透力很强，适用于完整食品及各种包装食品的内部杀菌处理。

6. 超声波与微波

超声波对微生物细胞内含物有强烈的振荡作用，可破坏细胞。另外，水溶液经超声处理后能产生过氧化氢，因而有杀菌能力，可以用来保藏食品。

微波热效应有杀灭微生物的作用。微波产生热效应的特点是加热均匀，热能利用效率高，加热时间短。目前微波用于食品灭菌。

三、化学方法

一般化学药剂无法杀死所有的微生物，而只能杀死其中的病原微生物，所以其起消毒剂的作用，而不是灭菌剂。能迅速杀灭病原微生物的药物，称为消毒剂。能抑制或阻止微生物生长繁殖的药物，称为防腐剂。但是一种化学药物用于杀菌还是抑菌，常不易严格区分。消毒剂在低浓度时也能杀菌（如 1∶1000 硫柳汞）。消毒剂和防腐剂没有选择性，对一切活细胞都有毒性，不仅能杀死或抑制病原微生物，而且对人体组织细胞也有损伤作用，因此只能用于体表、器械、排泄物和周围环境的消毒。常用的化学消毒剂有石炭酸、来苏水（甲醛溶液）、氯化汞、乙醇、高锰酸钾、过氧化氢、漂白粉、过氧乙酸、碘、新洁尔灭、染料（结晶紫、孔雀绿、复红、次甲基蓝、孟加拉红）等。

一、材料准备

试管、各种规格的玻璃吸管、培养皿（平皿）、锥形瓶及烧杯、玻璃涂布棒、装培养皿的金属筒、干热灭菌箱等。

二、操作步骤

具体操作视频参看二维码。

视频：干热灭菌法

1. 干热灭菌法

1）适用范围

干热灭菌法适用于空的、干燥的玻璃器皿的灭菌，带有胶皮的物品、含水分的物质、培养基等不可用这种方法。

2）方法

（1）装箱：将包好的待灭菌物品（培养皿、试管、吸管等）放入电热干燥箱（注意留有一定的间隙），关好箱门。

视频：高压蒸汽灭菌法

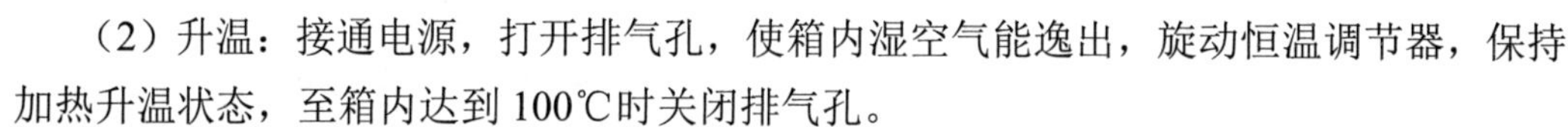

（2）升温：接通电源，打开排气孔，使箱内湿空气能逸出，旋动恒温调节器，保持加热升温状态，至箱内达到100℃时关闭排气孔。

（3）恒温：当温度升到160～170℃时，通过恒温调节器的自动控制，保持此温度1～2h。

（4）降温：切断电源，冷却至60℃。

（5）取物：打开箱门，取出灭菌物品（未降至60℃以前，切勿打开箱门，否则温度骤降易导致玻璃器皿炸裂）。

2. 高压蒸汽灭菌法

（1）开盖通电：向右转动手轮数圈，直至转到顶，使盖充分提起，拉起左立柱上的保险销，推开横梁移开锅盖；接通电源，将控制面板上的电源开关旋至ON处，控制面板上的缺水位灯和低水位灯均亮。

（2）加水：纯水直接注入锅内约 8L，观察控制面板上的高水位灯，亮时方可停止加水，当水过多时应开启下排水阀放去多余水。

（3）装料：把需灭菌的物品放在灭菌筐内，包与包之间留有适当的空隙以利于蒸汽的流通。堆放灭菌物品时，严禁堵塞安全阀和放气阀，必须留出空位保证空气畅通，否则易造成容器爆裂。

（4）盖上锅盖：将手轮向左旋转数圈，使锅盖向下压紧锅体，以确保密封开关处于接通状态。

（5）设定温度和时间：按一下确认键，按动增加键，将温度设定在 121℃，再按一下确认键，按动增加键，设定时间为 15～30min，最后按确认键，温度和时间设定完毕。

（6）加热排气：待水沸腾后，水蒸气和空气一起从排气孔排出。一般认为，当排气孔的气流很强并有嘘声时，表明锅内空气已排净（沸腾后约 5min），关闭排气阀。

（7）升压灭菌：当锅内空气已排尽时，关闭排气阀后压力开始上升，进入自动灭菌程序，随着温度升高，当灭菌室内到达所设定温度时，加热灯灭，自动控制系统开始进行灭菌倒计时，并在控制面板上的设定窗内显示所需灭菌时间。

（8）灭菌结束：达到灭菌所需时间后，关闭热源，让压力表示数自然下降到 0 后，打开排气阀。关闭电源后将排汽排水阀向左旋转，排除蒸汽，当压力表上指示针指到 0 时，方可启盖取出灭菌物品。灭菌完毕取出物品后，倒掉锅内剩水，盖好锅盖。

3. 紫外线灭菌法

紫外线对眼结膜及视神经有损伤作用，对皮肤有刺激作用，故不能直视紫外线灯光工作。

1）单用紫外线照射

（1）在无菌室内或在接种箱内打开紫外线灯开关，照射 30min，将开关关闭。

（2）将牛肉膏蛋白胨平板盖打开 15min，然后盖上皿盖，置 37℃培养 24h，共做 3 套。

（3）检查每个平板上生长的菌落数。如果菌落数不超过 4 个，说明灭菌效果良好，否则，需延长照射时间或同时采取其他措施。

2）化学消毒剂与紫外线照射结合使用

（1）在无菌室内，先喷洒 3%～5%的石炭酸溶液，再打开紫外线灯照射 15min。

（2）无菌室内的桌面、凳子用 2%～3%来苏尔擦洗，再打开紫外线灯照射 15min。

（3）检查灭菌效果，方法同“单用紫外线照射”。

三、影响灭菌的因素

（1）不同的微生物或不同菌龄的同种微生物对高温的敏感性不同。多数微生物的营养体和病毒在 50～65℃下保持 10min 就会被杀死；但各种孢子、特别是芽孢最能耐热，其中耐热性最强的是嗜热脂肪芽孢杆菌，要在 121℃下保持 12min 才被杀死。对同种微生物来讲，幼龄菌比老龄菌对热更敏感。

（2）微生物的数量显然会影响灭菌的效果，数量越多，灭菌时间越长。

（3）培养基的成分与组成也会影响灭菌效果。一般地讲，蛋白质、糖或脂肪存在，会提高耐热性；pH 在 7 附近，耐热性最强，pH 偏向两极，则耐热能力下降；而不同的盐类可能对灭菌产生不同的影响；固体培养基要比液体培养基灭菌时间长。

四、注意事项

（1）干热灭菌物品不能有水，否则物品易爆裂；灭菌物品不能装得太挤，以免影响温度上升；灭菌温度不能超过 180℃，否则棉塞及牛皮纸会烧焦，甚至燃烧；自然降温至 60℃以下，才能打开箱门，取出物品，以免因突然降温导致玻璃器皿炸裂。

（2）灭菌后物品，按正常情况已属无菌，从灭菌器中取出应仔细检查，以免再度污染。

① 物品取出时检查包装的完整性，若有破坏或棉塞脱落，不可作为无菌物品使用。

② 取出的物品，如其包装有明显的水渍，不可作为无菌物品使用。

③ 培养基或试剂等，应检查是否达到灭菌后的色泽或状态，未达到者应废弃。

④ 取出的物品掉落在地或误放不洁之处，或沾有水液，均视为受到污染，不可作为无菌物品使用。

⑤ 取出的灭菌合格物品，应存放于储藏室或防尘柜内，严禁与未灭菌物品混放。

⑥ 凡属灭菌合格物品，应标有灭菌日期及有效期限。

⑦ 每批灭菌处理完成后，记录灭菌品名、数量、温度、时间及操作者。

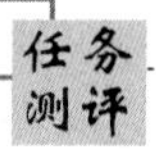

任务测评

微生物生长的控制评价表见表 4-4。

表 4-4　微生物生长的控制评价表

内容	评价标准	分值
干热灭菌	干热灭菌物品没有水，否则物品易爆裂	6
	灭菌物品之间留有一定的间隙，以免影响温度上升	6
	升温前能打开排气孔，使箱内湿空气能逸出，达到 100℃时能关闭排气孔	6
	灭菌温度没有超过 180℃，否则棉塞及牛皮纸会烧焦，甚至是燃烧	6
	自然降温至 60℃以下，才打开箱门，以免因突然降温导致玻璃器皿炸裂	6
高压蒸汽灭菌	正确打开锅盖、接通电源，观察控制面板上的高水位灯，亮时方可停止加水	6
	需灭菌的物品放在灭菌筐内，包与包之间留有适当的空隙以利于蒸汽的流通。堆放灭菌物品时，严禁堵塞安全阀和放气阀，必须留出空位保证空气畅通，否则易造成容器爆裂	8
	设定温度在 121℃，再设定时间为 15～30min	8
	能在锅内冷空气已排净（沸后约 5min）时，关闭排气阀	8
	压力表示数自然下降到 0 后，才能打开排气阀。当压力表上指示针指到 0 时，方可启盖取出灭菌物品	8
	灭菌完毕取出物品后，能倒掉锅内剩水，盖好锅盖	6
紫外线灭菌	不能直视紫外线灯光工作	10
	打开紫外线灯开关，照射 30min，将开关关闭	8
	检查灭菌效果：每个平板上生长的菌落数如果不超过 4 个，说明灭菌效果良好	8
合计		100

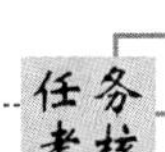

（1）干热灭菌操作过程中应注意哪些问题？为什么？
（2）为什么干热灭菌所需温度要比湿热灭菌高？
（3）高压蒸汽灭菌时，为什么要排尽锅内的冷空气？
（4）为什么压力降到“0”时才能打开排气阀，开盖取物？
（5）在紫外线灯下观察实验结果时，为什么要隔一块普通玻璃？
（6）干热灭菌的适用范围如何？

项目五　微生物的鉴定

观察微生物的培养特性是微生物检验鉴别中的一项重要内容。不同微生物在某种培养基上生长繁殖，所形成的菌落特征有很大差异，而同一种细菌在一定条件下形成的菌落特征却有一定的稳定性，据此可以对不同微生物加以区别鉴定。不同的细菌具有各自独特的酶系统，因而对底物的分解能力各异，其代谢产物也不相同。这些代谢产物又具有不同的生物化学特性，可利用生物化学的方法测定这些代谢产物以鉴定微生物。掌握各种生化反应的原理和应用是鉴定微生物的基础。

任务一　微生物菌落特征的识别

任务描述

某食品企业发现了受污染的产品，对其进行培养后长出菌落，请你们协助进行菌落初步鉴定。

任务要求

知识目标

掌握细菌、酵母菌、霉菌的菌落特征。

能力目标

（1）能识别不同微生物的菌落，学会描述菌落特征的方法。
（2）具有克服困难的能力。

素质目标

（1）通过小组成员间的分工，增强合作意识。
（2）通过实验用品的准备，以及实验后对物品的整理、归位、清洁，养成吃苦耐劳的职业品质。

基础知识

菌落是指单个微生物在适宜的固体培养基表面或内部生长、繁殖到一定程度可以形成的肉眼可见的、有一定形态结构的子细胞生长群体。固体培养基表面众多菌落连成一片时，便成为菌苔。菌落形态是指某种微生物在一定的培养基上由单个菌体形成的群体形态。细菌、放线菌、酵母、霉菌和食用菌，每一种微生物在一定的培养条件下形成的菌落都具有某些相应的特征，通过观察这些特征来区分各大类微生物及初步识别、鉴定微生物的方法简便快速，常应用在科研和生产中。

一、细菌菌落特征

细菌的培养特性包括细菌的生长条件和生长表现，单个细菌或单种细菌在固体培养基表面生长繁殖，形成肉眼可见的菌落。各种细菌所形成的菌落特征是不同的，可以作为鉴别细菌的依据。通过对单个菌落染色镜检可以达到进一步认识该细菌的目的。细菌菌落的特征描述应当包括菌落的大小、形态、颜色、光泽度、透明度、质地、隆起状态、边缘特征等。常用的描述词汇如下。

大小：菌落覆盖的范围，一般描述菌落的直径即可。

形态：菌落的外观形状，常用词汇包括圆形、卵圆形、三角形、形状不规则等。

颜色：包括正反面颜色，即气生菌丝和基内菌丝颜色，常用词汇包括白色、乳白色、红色、粉色、黑色、无色等。

光泽度：表面有无光泽，可直接描述为菌落表面有光泽、无光泽、表面光滑、粗糙等。一般有荚膜的菌落表面有光泽，无荚膜的菌落表面无光泽。

透明度：描述菌落透光的性质，常用词汇包括透明、半透明、不透明。

质地：菌落的黏性、脆性等，常用词汇包括蜡状、干燥、易挑起、黏稠感等。

隆起状态：菌落切面的形态，常用词汇包括隆起、凸起、扁平等。

边缘特征：菌落周边的形状，常用词汇包括波状、完整、粉粒状、啮齿状等。

一般对菌落的描述可以从以上几个方面进行，但不必包括以上所有项目，只需要根据菌落的关键特征，挑选关键的几项进行描述即可，一般情况下挑选 4～6 项就可以把菌落描述清楚，但有些特殊菌落可能还需要根据具体情况加入一些其他的描述语言。

二、酵母菌菌落特征

酵母菌与细菌菌落类似，但一般较细菌菌落大且厚，表面湿润，黏稠，易被挑起，多为乳白色蜡状，少数呈红色。

三、霉菌菌落特征

由于霉菌的菌丝较粗而长，菌丝体疏松，因而所形成的菌落疏松，呈绒毛状、絮状或蜘蛛网状，比细菌菌落大几倍到十几倍。霉菌孢子的形状、构造和颜色及产生的色素使霉菌菌落表现出不同结构和色泽特征。有的霉菌的菌丝蔓延有局限性，在培养基上可见局限性菌落；有的无局限性，可无限伸延，其菌落可扩展到整个培养皿。菌落特征是鉴定霉菌的主要依据之一。霉菌菌落的大小、形状、颜色、边缘特征及菌落表面的状况，如各种纹饰等都是霉菌的重要培养特征。

任务实施

一、材料准备

酒精灯、火柴、试管架、接种环、培养皿、锥形瓶、玻璃棒、pH 试纸、酒精棉球、棉花、纱布、天平、电炉、牛皮纸、高压蒸汽灭菌锅等。

二、操作步骤

1. 配制细菌、酵母菌、霉菌分离用培养基

配制牛肉膏蛋白胨培养基、麦芽汁培养基、马铃薯培养基或察氏培养基。

2. 制备已知菌的单菌落

通过平板划线法（或平板涂布法）获得细菌、酵母菌的单菌落，用三点接种法获得霉菌的单菌落。

3. 观察菌落特征

1）细菌、酵母菌菌落形态观察

先观察整个平板培养基上的菌落形态及种类，然后选择有代表性的各种孤立菌落作如下的详细观察，其项目有大小、形态、边缘特征、表面状况、隆起状态、质地、颜色、透明度等。

（1）大小：一般可描述为针尖大、粟粒大等，也可用实测毫米数表示。

（2）形态：点状、圆形、卵圆形、叶状等。

（3）边缘特征：整齐、锯齿状、毛发状等。

（4）表面状况：光滑、皱纹、湿润、干燥等。

（5）隆起状态：凸起、扁平、中心凹陷等。

（6）质地：均质性、颗粒状等。

（7）颜色：无色、白色、黄色、褐色等。

（8）透明度：透明、半透明、不透明。

2）霉菌的菌落特征观察

用肉眼观察生长在琼脂平板上的各种霉菌菌落，并根据下列要求对每种霉菌的菌落特征加以描述。

（1）菌落的大小：局限生长或蔓延生长，菌落的直径和高度。

（2）菌落的颜色：正面和背面的颜色，培养基的颜色变化。

（3）菌落的形态：棉絮状、网状、疏松或紧密、同心轮纹、放线状的皱褶等。

4. 记录菌落特征

细菌和酵母菌都是单细胞微生物，各细胞间都充满毛细管水，它们的菌落具有类似的特征，如湿润、较光滑、较透明、易挑起，菌落正反面颜色一致，且菌落质地较均匀等。细菌由于细胞小，形成的菌落也较小，较薄、较透明。不同的细菌会产生不同的色素，会出现五颜六色的菌落。无鞭毛、不能运动的细菌，其菌落外形较圆而凸起；有鞭毛、能运动的细菌，其菌落往往大而扁平，周缘不整齐。有芽孢的细菌，其菌落呈粗糙、不透明、多皱褶等特征。细菌常因分解含氮有机物而产生臭味。

酵母菌由于细胞较大且不能运动，其菌落一般比细菌大、厚。但也有例外，如假丝酵母因形成假菌丝，故细胞易向外圈蔓延，造成菌落大而扁平和边缘不整齐等特有形态。酵母菌产生色素较为单一，通常呈矿蜡色。酵母菌因普遍能发酵含碳有机物而产生醇类，故其菌落常伴有酒香味。

霉菌的细胞都是丝状的，当生长于固体培养基上时有气生菌丝和营养菌丝（或基内菌丝）的分化。气生菌丝向空间生长，菌丝之间无毛细管水，因此菌落呈干燥、不透明的丝状、绒毛状等特征。由于营养菌丝伸入培养基中使菌落和培养基连接紧密，故菌丝不易被挑起。气生菌丝、孢子和营养菌丝颜色不同，所以菌落正反面呈不同颜色。有些菌的气生菌丝还会分泌出水溶性色素并扩散到培养基中而使培养基变色。

将观察到的菌落特征记录在表 5-1 中。

表 5-1　微生物菌落特征

<table>
<tr><td colspan="3" rowspan="2">菌落特征</td><td colspan="2">单细胞微生物</td><td>菌丝状微生物</td></tr>
<tr><td>细菌</td><td>酵母菌</td><td>霉菌</td></tr>
<tr><td rowspan="2">主要特征</td><td rowspan="2">菌落</td><td>含水状态</td><td></td><td></td><td></td></tr>
<tr><td>外观形态</td><td></td><td></td><td></td></tr>
<tr><td rowspan="7">参考特征</td><td colspan="2">菌落透明度</td><td></td><td></td><td></td></tr>
<tr><td colspan="2">菌落与培养基结合程度</td><td></td><td></td><td></td></tr>
<tr><td colspan="2">菌落颜色</td><td></td><td></td><td></td></tr>
<tr><td colspan="2">菌落正反面颜色的差别</td><td></td><td></td><td></td></tr>
<tr><td colspan="2">菌落边缘</td><td></td><td></td><td></td></tr>
<tr><td colspan="2">细胞生长速度</td><td></td><td></td><td></td></tr>
<tr><td colspan="2">气味</td><td></td><td></td><td></td></tr>
</table>

三、注意事项

观察菌落时，不要将从空气中落入培养基而生长的杂菌误认为目的细菌。杂菌一般生长于划线痕迹外，或为个别的形状异常的孤立菌落。另外，观察时，也要注意保护好平板，勿使杂菌落入。

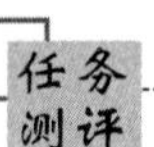

任务测评

微生物菌落特征的识别评价表见表 5-2。

表 5-2　微生物菌落特征的识别评价表

内容	评价标准	分值
培养基制备	能正确制备细菌、酵母菌、霉菌分离用培养基（如细菌——牛肉膏蛋白胨培养基、酵母菌——麦芽汁培养基、霉菌——马铃薯培养基或察氏培养基）	20
获得单菌落	能分别采用合适的接种方法获得细菌、酵母菌、霉菌的单菌落并且没有杂菌污染（平板划线法或平板涂布法获得细菌、酵母菌的单菌落，用三点接种法获得霉菌的单菌落）	30
现象观察及记录	能将菌落观察结果列表记录，描述规范（描述项目有大小、形态、隆起状态、边缘特征、表面状况、质地、颜色、透明度等）	30
实验后处理	实验结束能清洁归位，合理处理废弃物（培养物高压蒸汽灭菌后方可丢弃）	20
总分		100

任务考核

（1）细菌、酵母菌、霉菌分别采用什么接种方法获得单菌落？

（2）请对细菌、酵母菌、霉菌的菌落特征加以描述。

任务二　微生物的生化鉴定

任务描述

某食品企业发现受污染的产品，对其进行培养后长出菌落，请你们进一步进行生化鉴定。

任务要求

知识目标

（1）理解微生物生化鉴定的原理。

（2）知道常见的微生物生化鉴定的实验方法。

能力目标

（1）会对不同细菌进行常见生化鉴定实验。

（2）具有良好的沟通、交流及自主学习的能力。

素质目标

（1）培养克服困难的职业意志品质和完成任务的积极态度。

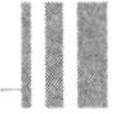

（2）能够通过小组成员之间的讨论交流、分工实验，增强合作意识。

基础知识

一、微生物的鉴定

微生物的鉴定不仅是微生物分类学中一个重要组成部分，而且也是在具体工作中经常遇到的问题。一般来说，对从自然界或其他样品中分离纯化的未知菌种进行分类鉴定，需要做以下几方面工作。

（1）个体形态观察：对未知菌种进行革兰氏染色，辨别是 G^+菌，还是 G^-菌，并观察其形状、大小、有无芽孢及其着生位置等。

（2）菌落形态观察：对未知菌种进行形态、大小、边缘特征、表面状况、隆起状态、透明度、光泽度、质地、气味等菌落特征观察。

（3）动力实验：观察未知菌种能否运动及其鞭毛类型（端生、周生）。

（4）生理生化反应实验：细菌的代谢与呼吸作用主要依赖酶的活动，各种细菌具有不同的酶类而表现出对某些碳水化合物、含氮化合物的分解代谢途径不同，以及代谢类型等方面均有差异，故可将这些差异作为细菌分类鉴定的重要依据之一。

（5）血清学反应实验：该反应具有特异性强、灵敏度高、简便快速等优点。在微生物分类鉴定中，常用已知菌种制成抗血清，根据它是否与未知菌种发生特异性结合反应来鉴定、判断它们之间的亲缘关系。

根据以上实验项目的结果，查阅权威性菌种鉴定手册中的微生物分类检索表，给未知菌种对号入座进行鉴定和分类。

二、微生物的生化鉴定

代谢类型的多样性是微生物代谢的重要特征之一。即使同属化能异养菌中的不同微生物，它们分解生物大分子的能力，以及分解利用含碳化合物、含氮化合物的途径和代谢产物也各不相同。此外，微生物代谢类型的多样性具体表现为生化反应的多样性，因此人们在微生物的分类鉴定工作中，常将其生化反应作为重要依据。

微生物的生化反应是指用化学反应来测定微生物的代谢产物。生化反应常用来鉴别一些在形态和其他方面不易区别的微生物。

1. 糖分解实验

细菌具有分解某些糖类的特定酶，可根据细菌分解利用糖的能力的差异和是否产酸或产气来鉴定菌种。糖分解实验是鉴定细菌最主要、最基本的实验，特别是对肠杆菌科细菌的鉴定尤为重要。

实验方法：以无菌操作，用接种针或接种环移取纯培养物少许，接种于发酵液体培养基管。若为半固体培养基，则用接种针作穿刺接种。接种后，置（36±1.0）℃培养，每天观察结果，检视培养基颜色有无改变（产酸），小倒管中有无气泡，微小气泡亦为产气阳性。若为半固体培养基，则检视沿穿刺线和管壁及管底有无微小气泡，有时还可看出接种菌有无动力，若有动力，培养物可呈弥散生长。

本实验主要用于测试细菌对各种糖、醇和糖苷等的发酵能力，从而进行各种细菌的鉴别，因而每次实验，常需同时接种多管。一般常用的指示剂为酚红、溴甲酚紫、溴百里酚蓝。

2. 淀粉水解实验

有些细菌具有合成淀粉酶的能力，可以分泌胞外淀粉酶，淀粉酶可以使淀粉水解为麦芽糖和葡萄糖。淀粉遇碘液会产生蓝色，但细菌水解淀粉的区域，用碘测定不再产生蓝色，表明细菌产生淀粉酶。

实验方法：以 18～24h 的纯培养物，涂布接种于淀粉琼脂斜面或平板（一个平板可分区接种或直接移种于淀粉肉汤中，于（36±1）℃培养 24～48h，或于 20℃培养 5d。然后将碘试剂直接滴浸于培养表面，若为液体培养物，则加数滴碘试剂于试管中。立即检视结果，阳性反应（淀粉被分解）为琼脂培养基呈深蓝色，菌落或培养物周围出现无色透明环或肉汤颜色无变化；阴性反应为无透明环或肉汤呈深蓝色。

淀粉水解是逐步进行的，因而实验结果与菌种产生淀粉酶的能力、培养时间、培养基含淀粉量和 pH 等均有一定关系。培养基必须为中性或微酸性，以 pH 7.2 最合适。淀粉琼脂平板不宜保存于冰箱，而以临用时制备为妥。

3. V-P 实验

某些细菌在葡萄糖蛋白胨水培养基中能分解葡萄糖产生丙酮酸，丙酮酸缩合、脱羧成乙酰甲基甲醇，后者在强碱环境下，被空气中的氧气氧化为二乙酰，二乙酰与蛋白胨中的胍基生成红色化合物，称 V-P（+）反应。

实验方法：接种实验菌于葡萄糖蛋白胨水培养基（与甲基红实验相同）中，每次两个重复，置适温培养 2～6d，取培养液和 40% NaOH 等量相混合，加入少许肌酸，10min 后如培养液出现红色，即为实验阳性反应，有时需要放置更长时间才出现红色。

本实验一般用于肠杆菌科各菌属的鉴别。在用于芽孢杆菌和葡萄球菌等其他细菌时，通用培养基中的磷酸盐可阻碍乙酰甲基甲醇的产生，故应省去或以氯化钠代替。本实验常与甲基红实验一起进行，因为前者为阳性的细菌，后者通常为阴性。

4. 甲基红实验

肠杆菌科各菌属都能发酵葡萄糖，在分解葡萄糖过程中产生丙酮酸，进一步分解中，由于糖代谢的途径不同，可产生乳酸、琥珀酸、乙酸和甲酸等大量酸性产物，可使培养基 pH 下降至 4.5 以下，使甲基红指示剂变红。

实验方法：将一种细菌的 24h 培养物接种于葡萄糖蛋白胨水培养基中，置 37℃培养

48～72h，取出后加甲基红试剂 3～5 滴，凡培养液呈红色者为阳性，呈橙色者为可疑，呈黄色者为阴性。

甲基红为酸性指示剂，pH 范围为 4.4～6.0，其 p*K* 值为 5.0。故在 pH 5.0 以下，随 pH 降低，黄色增强；在 pH 5.0 以上，则随 pH 升高，黄色增强；在 pH 5.0 或上下接近时，可能变色不够明显，此时应延长培养时间，重复实验。

本实验主要用于鉴别大肠杆菌与产气肠杆菌，前者为阳性，后者为阴性。

5. 靛基质实验（吲哚实验）

某些细菌能分解蛋白胨中的色氨酸，生成吲哚。吲哚与对二甲基氨基苯醛结合，形成玫瑰吲哚，为红色化合物。

实验方法：将待试纯培养物少量接种于实验培养基管，于（36±1）℃培养 24h 后，取约 2mL 培养液，加入柯氏试剂 2～3 滴，轻摇试管，呈红色为阳性。或先加少量乙醚或二甲苯，摇动试管以提取和浓缩靛基质，待其浮于培养液表面后，再沿试管壁徐徐加入柯氏试剂数滴，在接触面呈红色，即为阳性。

实验证明，靛基质试剂可与 17 种不同的靛基质化合物作用而发生阳性反应，若先用二甲苯或乙醚等进行提取，再加试剂，则只有靛基质或 5-甲基靛基质在溶剂中呈现红色，因而结果更为可靠。

本实验主要用于肠杆菌科细菌的鉴定，如大肠杆菌与产气肠杆菌、肺炎克雷伯菌和产酸克雷伯菌等的鉴别。

6. 硝酸盐还原实验

有些细菌具有还原硝酸盐的能力，可将硝酸盐还原为亚硝酸盐、氨或氮气等。亚硝酸盐的存在可用硝酸试剂检验。

实验方法：将试剂 A（磺胺酸冰醋酸溶液）和试剂 B（α-萘胺乙醇溶液）各 0.2mL 等量混合，取混合试剂约 0.1mL 加于液体培养物或琼脂斜面培养物表面，立即或于 10min 内呈现红色即为实验阳性，若无红色出现则为阴性。

用α-萘胺进行实验时，阳性红色消退很快，故加入后应立即判定结果。进行实验时必须有未接种的培养基管作为阴性对照。α-萘胺具有致癌性，故使用时应加以注意。

7. 明胶液化实验

有些细菌具有明胶酶（亦称类蛋白水解酶），能将明胶先水解为多肽，再进一步水解为氨基酸，使其失去凝胶性质而液化。

实验方法：挑取 18～24h 待测试菌培养物，以较大量穿刺接种于明胶层约 2/3 深度或点种于培养基平板。于 20～22℃培养 7～14d。每天观察结果，若因培养温度高而使明胶本身液化，应停止摇动，静置冰箱中待其凝固后，再观察其是否被细菌液化，如确被液化，即为实验阳性。若点种于培养基平板，则在培养基平板点种的菌落上滴加试剂，若为阳性，10～20min 后，菌落周围应出现清晰带环，否则为阴性。

8. 尿素酶实验

有些细菌能产生尿素酶，将尿素分解产生 2 分子的氨，使培养基变为碱性，酚红呈粉红色。尿素酶不是诱导酶，因为无论底物尿素是否存在，细菌均能合成此酶。其最适 pH 为 7.0。

实验方法：挑取 18～24h 待测试菌培养物大量接种于液体培养基管中，摇匀，于（36±1）℃培养 10min、60min 和 120min，分别观察结果。或涂布并穿刺接种于琼脂斜面，不要到达底部，留底部作变色对照。培养 2h、4h 和 24h，分别观察结果，如为阴性应继续培养至 4d，作最终判定，变为粉红色则为阳性。

本实验主要用于肠杆菌科变形杆菌属细菌的鉴定：奇异变形杆菌和普通变形杆菌为阳性，雷氏普罗威登斯菌和摩根菌为阳性，而斯氏普罗威登斯菌和产碱普罗威登斯菌为阴性。

9. 氧化酶实验

氧化酶即细胞色素氧化酶，为细胞色素呼吸酶系统的终末呼吸酶。氧化酶先使细胞色素 C 氧化，然后此氧化型细胞色素 C 再使对苯二胺氧化，产生颜色反应。

实验方法：在琼脂斜面培养物或血琼脂平板菌落上滴加试剂 1～2 滴，阳性者柯氏试剂呈粉红色至深紫色，Ewing 改进试剂呈蓝色；阴性者无颜色改变。应在数分钟内判定实验结果。

10. 硫化氢实验

有些细菌可分解培养基中含硫氨基酸或含硫化合物，而产生硫化氢气体，硫化氢遇铅盐或低铁盐可生成黑色沉淀物。

实验方法：在含有硫代硫酸钠等指示剂的培养基中，沿管壁穿刺接种，于（36±1）℃培养 24～28h，培养基呈黑色为阳性。若为阴性应继续培养至 6d。也可用乙酸铅纸条法：将待测菌接种于一般营养肉汤，再将乙酸铅纸条悬挂于培养基上方，以不会被溅湿为度；用管塞压住，置（36±1）℃培养 1～6d，纸条变黑为阳性。

本实验主要用于鉴别肠杆菌科中的属及种，如沙门菌属、枸橼酸杆菌属、变形杆菌属、爱德华菌属等为阳性，其他菌属大多为阴性。但沙门菌属中亦有部分硫化氢阴性菌株，如甲型副伤寒菌、仙台菌、猪霍乱沙门菌等。

11. 三糖铁琼脂实验

实验方法：以接种针挑取待测试菌可疑菌落或纯培养物，穿刺接种并涂布于斜面，置（36±1）℃培养 18～24h，观察结果。

本实验可同时观察乳糖和蔗糖发酵产酸或产酸产气（变黄）及产生硫化氢（变黑）。

葡萄糖被分解产酸可使斜面先变黄，但因量少，生成的少量酸接触空气而氧化，加之细菌利用培养基中含氮物质，生成碱性产物，故斜面后来又变红，底部由于处于厌氧状态下，酸类不被氧化，所以仍保持黄色。

12. 硫化氢-靛基质-动力琼脂实验

实验方法：以接种针挑取菌落或纯培养物穿刺接种约1/2深度，置（36±1）℃培养18～24h，观察结果。培养物呈现黑色为硫化氢阳性，混浊或沿穿刺线向外生长为有动力，然后加柯氏试剂数滴于培养物表面，静置10min，若试剂呈红色为靛基质阳性。培养基未接种的下部，可作为对照。

本实验用于肠杆菌科细菌初步生化筛选，与三糖铁琼脂等联合使用可提高筛选效率。

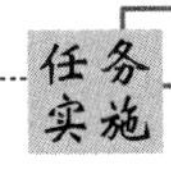

一、材料准备

1. 菌种

大肠杆菌、枯草芽孢杆菌、金黄色葡萄球菌斜面培养物各一支。

2. 培养基

固体淀粉培养基、油脂培养基、葡萄糖发酵培养基、葡萄糖蛋白胨培养基等。

3. 用具

酒精灯、接种环、接种针、记号笔、试管架、杜氏小管等。

二、操作步骤

具体操作视频参看二维码。

动画：微生物的生化鉴定

1. 配制培养基、分装

1）糖发酵培养基

成分：牛肉膏5g、蛋白胨10g、氯化钠3g、葡萄糖5g、蒸馏水1000mL、0.2%溴麝香草酚蓝12mL。

方法：分装4个试管，每个管加10mL培养基，放入倒置的杜氏小管，包扎灭菌。

2）淀粉培养基

成分：牛肉膏5g、蛋白胨10g、氯化钠5g、可溶性淀粉2g、蒸馏水1000mL、琼脂15～20g。

方法：将可溶性淀粉加少量水调成糊状，再加入熔化好的培养基中，包扎灭菌，倒4个平板。

3）油脂培养基

成分：牛肉膏5g、蛋白胨10g、氯化钠5g、香油或花生油10g、蒸馏水1000mL、琼脂15～20g。

方法：包扎灭菌，倒4个平板。

4）葡萄糖蛋白胨培养基

成分：蛋白胨10g、葡萄糖5g、磷酸氢二钾2g、蒸馏水1000mL。

方法：分装4个试管，包扎灭菌。

2. 标记

1）糖发酵培养基、葡萄糖蛋白胨培养基的标记

在试管上标记培养基名称和接种细菌菌名（试管4个，分别标记大肠杆菌、枯草芽孢杆菌、金黄色葡萄球菌，第4个作空白对照）。

2）淀粉培养基、油脂培养基的标记

翻转平板使皿底背面向上，用记号笔在皿底上画上3个圆圈。

3. 接种培养

1）糖发酵实验、甲基红实验

挑取少量菌种于试管中，37℃培养24h。

2）淀粉、油脂水解实验

将大肠杆菌、枯草芽孢杆菌、金黄色葡萄球菌分别在不同平板上的圆圈中间以点植（或十字接种）的方式接上菌种，37℃恒温倒置培养24～48h。

4. 结果观察记录

1）糖发酵实验

如颜色未变化，则表明不能利用某种糖，记“－”；如变为黄色，则表明能分解糖产酸，记“+”；如变黄且有气泡，则表明能分解糖产酸产气，记“⊕”。

2）淀粉水解实验

打开平板盖子，滴入少量革兰氏碘液于平皿中，轻轻旋转平板，使碘液均匀铺满整个平板，判断结果。有水解圈，则淀粉水解实验阳性，用“+”表示；无水解圈，则淀粉水解实验阴性，用“－”表示。

3）油脂水解实验

打开平板盖子，滴入少量中性红染液于平皿中，轻轻旋转平板，使之均匀铺满整个平板，判断结果。油脂（脂肪酶）水解生成甘油和脂肪酸，在中性红指示剂下形成红色

斑点，用“+”表示。

4）甲基红实验

加入甲基红 1～2 滴，培养液呈红色，则甲基红实验阳性，用“+”表示；培养液不变色，则甲基红实验阴性，用“-”表示。

分别将实验（“+”表示阳性，“-”表示阴性）结果填入表 5-3。

表 5-3　微生物生化实验结果记录表

菌名	糖发酵实验	淀粉水解实验	油脂水解实验	甲基红实验
大肠杆菌				
枯草芽孢杆菌				
金黄色葡萄球菌				
对照				

三、注意事项

（1）淀粉水解实验中加碘液时淀粉要铺满整个平板。

（2）糖发酵实验要注意杜氏小管的置入方法。

（3）在接种后，缓慢摇动试管，使其均匀，防止倒置的小管进入气泡。

（4）待检菌应是新鲜培养物，培养 18～24h。

（5）应做必要的对照实验。

任务测评

微生物的生化鉴定评价表见表 5-4。

表 5-4　微生物的生化鉴定评价表

内容	评价标准	分值
糖发酵实验	正确配制糖发酵培养基	6
	正确标记培养基名称和接种细菌菌名	6
	液体接种方法正确，培养温度、时间合理	6
	观察记录正确、规范（如颜色未变化，则表明不能利用某种糖，记“-”；如变为黄色，则表明能分解糖产酸，记“+”；如变黄且有气泡，则表明能分解糖产酸产气，记“⊕”）	8
淀粉水解实验	正确配制淀粉培养基	6
	正确标记培养基名称和接种细菌菌名	6
	以点植（或十字接种）的方式接上菌种，培养温度、时间合理	6
	观察记录正确、规范（如有水解圈，则淀粉水解实验阳性，用“+”表示；如无水解圈，则淀粉水解实验阴性，用“-”表示）	8
油脂水解实验	正确配制油脂培养基	6
	正确标记培养基名称和接种细菌菌名	6
	以点植（或十字接种）的方式接上菌种，培养温度、时间合理	6
	观察记录正确、规范［如油脂（脂肪酶）水解成甘油和脂肪酸，在中性红指示剂下形成红色斑点，用“+”表示］	6

续表

内容	评价标准	分值
甲基红实验	正确配制葡萄糖蛋白胨培养基	6
	正确标记培养基名称和接种细菌菌名	6
	液体接种方法正确，培养温度、时间合理	6
	观察记录正确、规范（如加入甲基红 1～2 滴，培养液呈红色，则甲基红实验阳性，用“+”表示；培养液不变色，则甲基红实验阴性，用“-”表示）	6
合计		100

（1）细菌生理生化实验中为什么设有空白对照？

（2）各种生理生化反应能用于鉴别细菌，其原理是什么？

项目六 样品的采集与制备

在食品微生物的检测过程中，取样和制样技术至关重要，只有掌握了正确的取样技术，以及样品传递、样品保存和样品的制备技术，保证样品在从取样到制样整个过程中的一致性，才能得到准确的检测结果。如果样品不具有代表性，或在样品抽取、运送、保存或制备的过程中操作不当，实验室检测结果就会变得毫无意义。

食品微生物的取样和制样对操作人员提出了很高的专业要求，既要保证样品的代表性和一致性，又要保证整个过程在无菌操作的条件下完成。

任务一 环境样品的采集与制备

任务描述

某食品企业对生产环境进行微生物检测，请你们负责完成环境样品的采集与制备工作。

任务要求

知识目标

（1）掌握取样方案的制定原则。

（2）掌握样品的运送及处理方法。

能力目标

（1）掌握工作台、空气、工人手等食品生产过程中环境样品的采集制备技术。

（2）具有良好的沟通、交流及自主学习的能力。

素质目标

（1）小组成员自己完成实验用品的准备及实验操作，培养独立完成任务的积极态度。

（2）通过实验完毕后对实验用品的及时清洁、归位，增强劳动意识，养成良好的职业习惯。

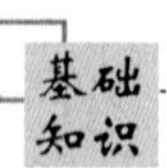

必须对样品、样品提取物、操作人员和设备所处环境进行检查，以确保分析结果的质量不受这些环境因素的影响。

一般对环境微生物的监测包括对实验室表面和空气中微生物的分析。对实验室的表面进行检测，就可以确定在同一工作区经过一段时间后是否还保持干净或不同工作区在一定时间内需要打扫的次数，消毒剂作用于工作台的效果如何，间隔多长时间需要对工作台消毒一次及层流净化台的使用效果情况。对空气进行监测可以确定高效过滤器的使用效果及需要更换的次数，并能确定可能的环境污染源。

一、生产工序监测采样

（1）车间用水：自来水样从车间各水龙头采取冷却水，汤料从车间容器不同部位用100mL 无菌注射器抽取。

（2）车间台面、用具及加工人员的卫生监测：用板孔 $5cm^2$ 的无菌采样板及 5 支无菌棉签擦拭 $25cm^2$ 面积。若所采表面干燥，则用无菌稀释液湿润棉签后擦拭；若表面有水，则用干棉签擦拭，擦拭后立即将棉签头用无菌剪刀剪入盛样容器。

（3）车间空气采样：将 5 个直径 90mm 的普通营养琼脂平板分别置于车间的四角和中部，打开平皿盖 5min，然后盖上平板盖送检。

二、生产环境卫生指标

（1）装配与包装车间空气中细菌菌落总数应≤$2500CFU/m^3$［CFU（colony forming unit）为菌落形成单位］。

（2）工作台面细菌菌落总数应≤$20CFU/cm^2$。

（3）工人手表面细菌菌落总数应≤300CFU/只手，并不得检出致病菌。

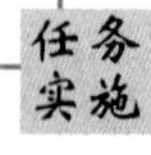

一、材料准备

1. 设备及材料

恒温培养箱、天平、无菌锥形瓶、无菌培养皿、放大镜、规格板、恒温水浴锅、无菌吸管、棉签等。

2. 培养基和试剂

营养琼脂、无菌生理盐水。

二、操作步骤

具体操作视频参看二维码。

视频：环境样品的制备

1. 食品车间空气中微生物计数

空气的取样方法有直接沉降法和过滤法。在检验空气中细菌含量的各种沉降法中，平皿法是较早采用的方法。到目前为止，这种方法在判断空气中浮游微生物分次自沉现象方面仍具有一定的意义。平皿法就是将琼脂平板或血琼脂平板放在空气中暴露一定时间，然后（36±1）℃培养（48±2）h，计算所生长的菌落数。

1）样品采集

在动态下进行，室内面积不超过 30m^2，在对角线上设里、中、外 3 点，里、外位置距离墙 1m；室内面积超过 30m^2，设东、西、南、北、中 5 点，周围 4 点距墙 1m。

采样时，将含营养琼脂培养基的平板（直径 9cm）置采样点（约桌面高度），打开平皿盖，使平板在空气中暴露 5min。

2）细菌培养

在采样前将准备好的营养琼脂培养基置（35±2）℃培养 24h，取出后检查有无污染，将污染培养基剔除。将已采集的培养基在 6h 内送实验室，于（35±2）℃培养 48h 观察结果，计数平板上细菌菌落。

3）菌落计算

$$y_1 = \frac{A \times 50\,000}{S_1 \times t}$$

式中，y_1 为空气中细菌菌落总数（CFU/m^3）；A 为平板上平均细菌菌落数；S_1 为平板面积（cm^2）；t 为暴露时间（min）。

2. 工作台面、工人手的菌落计数

1）样品采集

（1）工作台面：将灭菌的内径为 5cm×5cm 规格板放在被检物体表面，用浸有灭菌生理盐水的棉签在其内涂抹 10 次，放入装有 10mL 灭菌生理盐水的采样管内送检。

（2）工人手：被检人五指并拢，用浸湿生理盐水的棉签在右手指曲面，从指尖到指端来回涂擦 10 次，然后剪去手接触部分棉棒，将棉签放入含 10mL 灭菌生理盐水的采样管内送检。

2）细菌菌落总数检测

将已采集的样品在 6h 内送实验室，每支采样管充分混匀后取 1mL 样液，放入灭菌平皿内，倾注营养琼脂培养基，每个样品平行接种两块平板，置（35±2）℃培养 48h，计数平板上细菌菌落数。

$$y_2 = \frac{A}{S_2} \times 10$$

$$y_3 = A \times 10$$

式中，y_2为工作台表面细菌菌落总数（CFU/cm^2）；A 为平板上平均细菌菌落数；S_2为采样面积（cm^2）；y_3为工人手表面细菌菌落总数（CFU/只手）。

三、结果记录

将结果填入表 6-1。

表 6-1　食品中生产环境菌落总数检测结果记录表

样品名称			仪器名称及编号		分析日期	
室温/℃			相对湿度/%		培养时间	
环境因素	执行标准	标准要求	实验数据		结果	结论
车间空气/（CFU/m^3）						
工作台面/（CFU/cm^2）						
工人手/（CFU/只手）						
测定步骤：			计算公式：		备注：	

四、注意事项

（1）采样应注意无菌操作，采样工具必须灭菌，避免污染。
（2）样品采集后应立即送往检验室进行检验，送检过程一般不超过 6h。
（3）样品应做好标记（如样品名称、送检单位、数量、日期、编号等）。

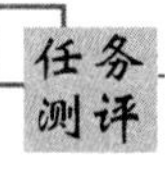

环境样品的采集与制备评价表见表 6-2。

表 6-2　环境样品的采集与制备评价表

内容	评价标准	分值
食品车间空气中微生物计数	采样时，将含营养琼脂培养基的平板（直径 9cm）置采样点（约桌面高度），打开平皿盖，使平板在空气中暴露（时间 5min）	15
	将已采集的培养基在 6h 内送实验室，于合适温度（35±2）℃培养 48h 观察结果，正确计数平板上细菌菌落	15
	能按照公式进行菌落计算，结果记录正确	10
工作台面、操作人手的菌落计数	工作台：将灭菌的内径为 5cm×5cm 规格板放在被检物体表面，用浸有灭菌生理盐水的棉签在其内涂抹 10 次，放入装有 10mL 灭菌生理盐水的采样管内送检	15
	工人手：被检人五指并拢，用浸湿生理盐水的棉签在右手指曲面，从指尖到指端来回涂擦 10 次，然后剪去手接触部分棉棒，将棉签放入含 10mL 灭菌生理盐水的采样管内送检	15
	将已采集的样品在 6h 内送实验室，每支采样管充分混匀后取 1mL 样液，放入灭菌平皿内，倾注营养琼脂培养基，每个样品平行接种两块平板，置（35±2）℃培养 48h，计数平板上细菌菌落数	15
	能按照公式进行菌落计算，结果记录正确	15
合计		100

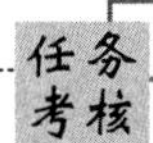

（1）食品生产过程中如何制备环境样品？
（2）为什么要对环境样品进行微生物检验？

任务二　食品样品的采集与制备

任务描述

样品的采集和制备是食品微生物检验的重要组成部分。如果样品的采集、运送、保存或制备过程中操作不当，检验结果就会毫无意义。某食品企业对生产的产品进行微生物检测，请你们负责完成食品样品的采集与制备工作。

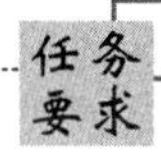

知识目标

（1）掌握食品检验样品采集的原则。
（2）掌握食品检验样品的取样方案。

能力目标

（1）会对各种食品进行样品的采集制备。
（2）具有良好的沟通、交流及自主学习的能力。

素质目标

增强无菌操作意识，并培养探究精神。

基础知识

在食品的检验中，所采样品必须有代表性，即所取样品能够代表食品的所有部分。食品的加工批号、原料情况（来源、种类、地区、季节等）、加工方法、运输、保藏条件、销售中的各个环节（如有无防蝇、防污染、防蟑螂及防鼠等设备）及销售人员的责任心和卫生认知水平等无不影响着食品卫生质量，因此，要根据一小份样品的检验结果去说明一大批食品的卫生质量或一起食物中毒事件的性质，就必须周密考虑，设计出一种科学的取样方法。采用什么样的取样方法主要取决于检验目的。目的不同，取样方案也不同。检验目的可以是判定一批食品合格与否，也可以是查找食物中毒病原微生物，还可以是鉴定畜产品中是否有人畜共患的病原体。目前国内外使用的取样方案多种多

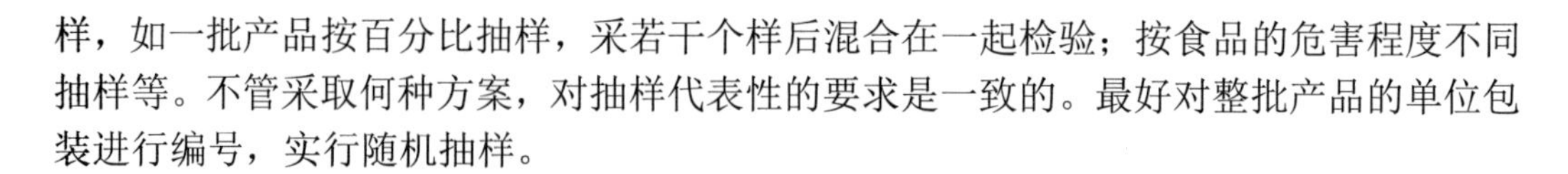

样，如一批产品按百分比抽样，采若干个样后混合在一起检验；按食品的危害程度不同抽样等。不管采取何种方案，对抽样代表性的要求是一致的。最好对整批产品的单位包装进行编号，实行随机抽样。

一、食品检验样品采集的原则

1. 检验前的准备工作

1）包装无菌取样的工具

拥有正确的采集产品或加工过程的无菌取样器械工具是至关重要的。除非使用合适的采集工具，否则样品的完整性会被怀疑，甚至样品毫无意义。为了避免没有合适的取样工具，建议建立一个工具清单来收集取样工具。可能盛样品的容器在最初进入加工区之前应当被预先标明，如样品号、取样日期、取样人等，这样可以使在不同的工厂条件下的样品取样更为方便一些。附加样品号码一般在样品采集中被正式确定下来，因此不用预先标明。人员的工具设施，如工作服、发网或消毒处理过的清洁的鞋靴必须具备有助于证明采集者没有污染到食物产品或样品。

2）生产线样品

生产线样品一般是指原材料、原料生产用水、包装材料或其他任何使用在生产线的材料。生产线样品的采集一般用来确定细菌污染源是否来自于原材料或加工工序中的某些地方。

3）其他准备

干冰：要使样品在储运过程中保持冷却，制冷剂是必需的。检查干冰袋子是否有泄漏，如果泄漏可能污染样品。也可以用湿冰，湿冰可以由工厂提供。取样前必须清楚一点，即如果想保持样品冷冻，干冰应在检验前获得。

盒子或制冷皿：检验员需要储藏、运输样品，如果样品不需冷冻，那么用一个盒子即可，但如果样品需要冷冻，一个标准的制冷皿或保温箱是必须使用的。一般来讲，制冷皿会附带着一个塑料袋，样品可以放在袋子里，制冷剂（如干冰）等可以放置在袋外，这样可避免样品被制冷剂污染。

灭菌容器：包括从塑料袋到灭菌的加仑漆桶。

取样工具：包括茶匙、角匙、尖嘴钳、量筒和烧杯，工具的类型一般由取样产品来决定。

应当检查所有取样设施和容器的灭菌日期，灭菌时间应当在仪器设施的标签和包装上标明，一些仪器设施可以在当地实验室灭菌或购买灭菌仪器，在当地实验室灭菌的仪器设施一般可以保持至少两个月，过期后设施必须重新灭菌。

灭菌手套：灭菌手套在采样中并非必须使用，如果一个产品在样品收集过程中会被接触，那么最好让工厂生产线的工人（加工处理产品的工人）将样品放入收集容器中。

手套必须用一种避免污染的方式戴上，手套的大小必须适合工作的需要。

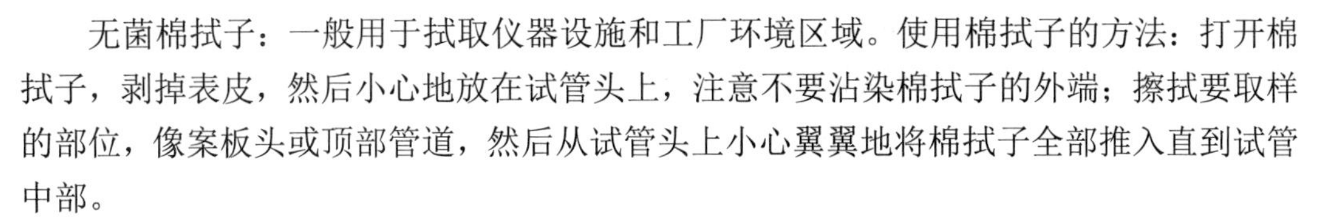

无菌棉拭子：一般用于拭取仪器设施和工厂环境区域。使用棉拭子的方法：打开棉拭子，剥掉表皮，然后小心地放在试管头上，注意不要沾染棉拭子的外端；擦拭要取样的部位，像案板头或顶部管道，然后从试管头上小心翼翼地将棉拭子全部推入直到试管中部。

灭菌全包装袋：袋子必须购买灭菌的，使用时只需撕掉封头，按照提示张开袋子，将样品放入，然后将袋子顶端卷起，用线绳扎实、扎牢；底部应当折叠两次，以免线绳穿透塑料袋，导致样品泄漏。

当收集样品时，样品采集时的条件如产品的温度、地点等，连同样品号，一并记录入检验员的注释说明文件中，取样的样品可以根据样品号、采集日期、附加样品号、最初调查人和其他鉴别信息来区分。

当采集无菌样品时，一定不能污染样品，这需要样品采集人非常小心地采集所有附加样品。

2. 食品检验样品采集的原则

（1）所采样品应具有代表性。每批食品应随机抽取一定数量的样品，在生产过程中，在不同时间内各取少量样品予以混合。固体或半固体的食品应从表层、中层和底层，中间和四周等不同部位取样。

（2）采样必须符合无菌操作的要求，防止一切外来污染。一件用具只能用于一个样品，防止交叉污染。

（3）在保存和运送过程中应保证样品中微生物的状态不发生变化。采集的非冷冻食品一般在 0～5℃冷藏，不能冷藏的食品立即检验。一般在 36h 内进行检验。

（4）采样标签应完整、清楚。每件样品的标签需标记清楚，尽可能提供详尽的资料。

二、ICMSF 推荐的抽样方案

微生物检验的特点是以小份样品的检测结果来说明一大批食品卫生质量，因此，用于分析的样品的代表性至关重要，也即样品的数量、大小和性质对结果判定有重大影响。要保证样品的代表性，首先要有一套科学的抽样方案，其次使用正确的抽样技术，并在样品的保存和运输过程中保持样品的原有状态。

一般说来，进出口贸易合同对食品抽样量有明确规定，按合同规定抽样即可。进出口贸易合同没有具体抽样规定的，可根据检验的目的、产品及被抽样品批的性质和分析方法的性质确定抽样方案。目前较为流行的抽样方案为 ICMSF（The International Commission on Microbiological Specifications for Foods，国际食品微生物标准委员会）推荐的抽样方案和随机抽样方案，有时也可按单位包装件数的开平方值抽样。无论采取何种方法抽样，每批货物的抽样数量都不得少于 5 件。对于需要检验沙门氏菌的食品，抽样数量应适当增加，最低不少于 8 件。

ICMSF 提出的采样基本原则是，根据各种微生物本身对人的危害程度及食品经不同条件处理后的危害度变化情况（①危害度变低；②危害度未变；③危害度变高）来设定抽样方案并规定其不同采样数。目前，加拿大、以色列等很多国家已采用此法作为国家标准。

1. ICMSF 的采样方案

有些实验室在每批产品中，仅采一个检样进行检验，该批产品是否合格，全凭这个检样来决定。ICMSF 方法与此不同，它是从统计学原理来考虑，对一批产品，检查多少检样才能够有代表性，才能客观地反映出该产品的质量而设定的。ICMSF 方法包括二级法及三级法两种。二级法只设有 n、c 及 m 值，三级法则有 n、c、m 及 M 值。

n：一批产品采样个数。

c：该批产品的检样菌数中超过限量的检样数，即结果超过合格菌数限量的最大允许数。

m：合格菌数限量，将可接受与不可接受的数量区别开。

M：附加条件后判定为合格的菌数限量，表示边缘的可接受数与边缘的不可接受数之间的界限。

1）二级抽样方案

自然界中材料的分布曲线一般是正态分布，以其一点作为食品微生物的限量值，只设合格判定标准 m 值，超过 m 值的，则为不合格品。检查检样是否有超过 m 值的，以此判定该批货物是否合格。以生食海产品鱼为例，n=5，c=0，m=10^2，n=5 即抽样 5 个，c=0 即意味着在该批检样中，未见到有超过 m 值的检样，则此批货物为合格品。

2）三级抽样方案

设有微生物标准 m 及 M 值两个限量，如同二级法，超过 m 值的检样即为不合格品。其中以 m～M 范围内的检样数作为 c 值，如果在此范围内，即为附加条件合格；超过 M 值者，则为不合格。例如，冷冻生虾的细菌数标准 n=5，c=3，m=10，M=10^2，其意义是从一批产品中取 5 个检样进行检验，允许不大于 3 个检样的菌数在 m～M 范围内，如果 3 个以上检样的菌数在 m～M 范围内或一个检样菌数超过 M 值，则判定该批产品为不合格品。

3）ICMSF 对食品中微生物的危害度分类与抽样方案说明

为了强调抽样与检样之间的关系，ICMSF 已经阐述了把严格的抽样计划与食品危害程度相联系的概念。在中等或严重危害的情况下使用二级抽样方案，对健康危害低的则建议使用三级抽样方案。ICMSF 是将微生物的危害度、食品的特性及处理条件三者综合在一起对食品中微生物的危害度进行分类的。这个设想是很科学的，符合实际情况，对生产厂及消费者来说是比较合理的。

2. 样本选择

样本选择可以分为随机选择和有针对性选择两种。

在现场抽样时，可利用随机抽样表进行随机抽样。随机抽样表是用计算机随机编制而成的，包括1万个数字。其使用方法如下。

（1）将一批产品的各单位产品（如箱、包、盒等）按顺序编号，如将一批600包的产品编为1、2、…、600。

（2）随意在表上点出一个数，查看该数字所在的行和列，如点在第48行、第10列的数字上。

（3）根据单位产品编号的最大位数（由1）可知，产品编号最大为3位数），查出所在行的3个连续列上的数字（如2）中点在第48行、第10列的数字上，则应查出第10、11和12列上的数字，为245），则编号与该数相同的那一份单位产品，即为第一件应抽取的样品。

（4）继续查下一行（即第49行）的相同3个连续列上的数字（即第49行的第10、11和12列上的数字，为608）。该数字所代表的单位产品为另一件应抽取的样品，但是608大于600（该批产品的最大编号数量），则舍去此数。

（5）按4）所述方法查下去。当遇到所查数超过最大编号数量（如第50行的第10、11和12列的数字为931，大于600）则舍去此数，继续查下一行相同列数，直到完成应抽样品件数为止。

有针对性选择是根据已掌握的情况，如怀疑某种食物可能是食物中毒的原因食品，或者感观上已初步判定出该食品存在卫生质量问题，而有针对性地选择采集样本。

3. 抽样（采样）方法

确定了抽样方案以后，抽样方法对抽样方案的有效执行和保证样品的有效性、代表性至关重要。抽样必须遵循无菌操作程序，抽样工具（如整套不锈钢勺子、镊子、剪刀等）应当经过高压蒸汽灭菌，防止一切可能的外来污染。容器必须清洁、干燥、防漏、广口、灭菌，大小适合盛放检样。抽样全过程中，应采取必要的措施防止食品中固有微生物的数量和生长能力发生变化。确定检验批次时，应注意产品的均质性和来源，确保检样的代表性。

常见的抽样方法如下：

（1）质量法：采取一定质量的食品作为一个样品。采取屠宰后两腿内侧肌或背最长肌100g/只；蛋、蛋制品样品，每份不少于200g等。

（2）拭子法：不损害肉的完整性，操作简便，但是检出的活菌总数不高。

（3）灌洗法：对于全净膛光禽，最好在洗涤后立即采样。本法比拭子法检出率高。

三、食品检验样品的运送及处理

抽样过程中应对所抽样品进行及时、准确的标记。抽样结束后，抽样人应写出完整的抽样报告，使样品尽可能保持在原有条件下并迅速送到实验室。

1. 样品的标记

（1）所有盛样容器必须有和样品一致的标记。在标记上应记明产品标志与号码、样品顺序号及其他需要说明的情况。标记应牢固，具有防水性，字迹不会被擦掉或脱色。

（2）当样品需要托运或由非专职抽样人员运送时，必须密封并标示样品容器。

2. 样品的保存和运送

（1）抽样结束后应尽快将样品送往实验室检验。如不能及时运送，冷冻样品应存放在－20℃冰箱或冷藏库内；冷却和易腐食品存放在0～4℃冰箱或冷却库内；其他食品可放在常温冷暗处。

（2）运送冷冻和易腐食品，应在包装容器内加适量的冷却剂或冷冻剂，保证途中样品不升温或不融化。必要时可于途中补加冷却剂或冷冻剂。

（3）盛样品的容器应消毒处理，但不得用消毒剂处理。不能在样品中加入任何防腐剂。

（4）样品采集后，最好由专人立即送检。如不能由专人携带送样，也可托运。托运前必须将样品包装好，应能防破损、防冻结或防腐，保证冷冻样品在途中不升温或不融化。在包装上应注明“防碎”“易腐”“冷藏”等字样。

（5）做好样品运送记录，写明运送条件、日期、到达地点及其他需要说明的情况，并由运送人签字。

3. 样品的处理

（1）样品的接收：做好记录并查对，相关信息予以登记，接收人员应签字。

（2）样品的融化：冷冻的样品检验前应解冻，要防止病原菌死亡和因在生长温度下而使细菌数量增加。

（3）检样的制备：采用均质法比搅拌效果好。

由于食品样品种类多，来源复杂，各类预检样品不能直接检验，要根据食品种类的不同性状，经过预处理后制备稀释液才能进行有关的各项检验。样品处理好后，应尽快检验。

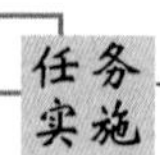

一、材料准备

无菌取样的工具、无菌拭子、发网、灭菌手套、茶匙、角匙、尖嘴钳、量筒和烧杯、食品样品、含营养琼脂的平皿等。

二、操作步骤

具体操作视频参看二维码。

视频：食品样品的制备

1. 肉与肉制品检验预处理

（1）鲜肉检验的处理：先对检样进行表面消毒（在沸水内烫3～5s，或灼烧消毒），再用无菌剪子取检样深层肌肉，放入无菌乳钵内用灭菌剪子剪碎后，称取25g。

（2）鲜、冻家禽检样的处理：先对检样进行表面消毒，用灭菌剪子或刀去皮后，剪取肌肉25g（一般可从胸部或腿部剪取），其他处理同生肉。带毛野禽去毛后，同家禽检样处理。

（3）各类熟肉制品检样的处理：直接切取或称取25g，其他处理同生肉。

（4）腊肠、香肠等生灌肠检样的处理：先对生灌肠表面进行消毒，用灭菌剪子剪取内容物25g，其他处理同生肉。

以上样品的采集和送检及检样处理的目的都是通过检验肉禽及其制品内的细菌含量而对其质量鲜度作出判断。如需检验肉禽及其制品受外界环境污染的程度或检验其是否带有某种致病菌，则常采用下面介绍的棉拭采样法。

检验肉禽及其制品受污染的程度，一般可用 5cm 的金属制作规格板压在受检样品上，将灭菌棉拭稍蘸湿，在板孔5cm^{2}的范围内揩抹多次，然后将规格板孔移压另一点，用另一棉拭揩抹，如此共移压揩抹10个点，总面积50cm^2，共用10支棉拭。每支棉拭在揩抹完毕后应立即剪断或烧断后投入盛有50mL灭菌水的锥形瓶或大试管中，立即送检。检验时充分振摇，吸取瓶、管中的液体作为原液，再按要求做10倍递增稀释。

如果检验目的是检查是否带有致病菌，则不必用规格板，在可疑部位用棉拭揩抹即可。

2. 乳与乳制品检验预处理

（1）鲜奶、酸乳：塑料或纸盒（袋）装酸乳，用75%酒精棉球消毒盒盖或袋口，玻璃瓶装酸乳以无菌操作去掉瓶口的纸罩纸盒，瓶口经火焰消毒后，以无菌操作吸取检样25mL。若酸乳有水分析出于表层，应先去除水分后再做稀释处理。

（2）炼乳：将炼乳瓶或罐先用温水洗净表面，再用点燃的酒精棉球消毒炼乳瓶或罐的上部，然后用灭菌的开罐器打开炼乳瓶或罐，以无菌操作称取检样25mL（g）。

（3）奶油：用无菌操作打开奶油的包装，取适量检样置于灭菌锥形瓶内，在45℃水浴或恒温箱中加温，溶解后立即将烧瓶取出，用灭菌吸管吸取奶油25mL放入另一含225mL 灭菌生理盐水或灭菌奶油稀释液的锥形瓶内（瓶装稀释液应预置于 45℃水浴中保温，作10倍递增稀释液时也用相同的稀释液），振摇均匀。从检样融化到接种完毕的时间不应超过30min。

（4）奶粉：罐装奶粉的开罐取样法同炼乳处理，袋装奶粉应用75%的酒精棉球涂擦消毒袋口，按无菌操作开封取样，称取检样25g，放入装有适量玻璃珠的灭菌锥形瓶内，将225mL温热的灭菌生理盐水徐徐加入（先用少量生理盐水将奶粉调成糊状，再全部加入，以免奶粉结块），振摇使其充分溶解和混匀。

（5）干酪：先用灭菌刀削去部分表面封蜡，用点燃的酒精棉球消毒表面，然后用灭菌刀切开干酪，以无菌操作切取表层和深层检样各少许，称取25g。

3. 蛋与蛋制品检验预处理

（1）鲜蛋、糟蛋、皮蛋外壳：用灭菌生理盐水浸湿的棉拭充分擦拭蛋壳，然后将棉拭直接放入培养基内增菌培养，也可将整只鲜蛋放入灭菌小烧杯或平皿中，按检样要求加入定量灭菌生理盐水或液体培养基，用灭菌棉拭将蛋壳表面充分擦洗后，以擦洗液作为检样检验。

（2）鲜蛋蛋液：将鲜蛋在流水下洗净，待干后再用75%酒精棉球消毒蛋壳，然后根据检验要求，打开蛋壳取出蛋白、蛋黄或全蛋液，放入带有玻璃珠的灭菌瓶内，充分摇匀检验。

（3）巴氏消毒全蛋粉、蛋白片、蛋黄粉：将检样放入带有玻璃珠的灭菌瓶内，按比例加入灭菌生理盐水，充分摇匀待检。

（4）巴氏消毒冰全蛋、冰蛋白、冰蛋黄：将带有冰蛋检样的瓶子浸泡于流动冰水中，待检样融化后取用。

4. 水产品检验预处理

（1）鱼类：鱼类采取检样的部位为背肌。先用流水将鱼体体表冲净，去鳞，再用75%酒精棉球擦净鱼背，待干后用灭菌刀在鱼背部沿脊椎切开5cm，再切开两端使两块背肌分别向两侧翻开，然后用无菌剪子剪取25g鱼肉。

（2）虾类：虾类采取检样的部位为腹节内的肌肉。将虾体在流水下冲净，摘去头胸节，用灭菌剪子剪除腹节与头胸部连接处的肌肉，然后挤出腹节内的肌肉，取25g放入灭菌乳钵内，以后操作同鱼类检样处理。

（3）蟹类：蟹类采取检样的部位为胸部肌肉。将蟹体在流水下冲净，剥去壳盖和腹脐，去除鳃条，再置流水下冲净。用75%酒精棉球擦拭前后外塞，置灭菌搪瓷盘上待干。然后用灭菌剪子剪开成左右两片，再用双手将一片蟹体的胸部肌肉挤出（用手指从足根一端向剪开的一端挤压），称取25g，置灭菌乳钵内。以后操作同鱼类检样处理。

（4）贝壳类：从缝中徐徐切入，撬开壳盖，再用灭菌镊子取出整个内容物，称取25g置灭菌乳钵内。以后操作同鱼类检样处理。

水产食品兼有海洋细菌和陆上细菌的污染，检验时细菌培养温度一般为30℃。以上采样方法和检验部位均以检验水产食品肌肉内细菌含量从而判断其鲜度质量为目的。如需检验水产食品是否带有某种致病菌，其检验部位应取胃肠消化道和鳃等呼吸器官，鱼

类检取肠管和鳃；虾类检取头胸节内的内脏和腹节外沿处的肠管；蟹类检取胃和鳃条；贝类中的螺条检取腹足肌肉以下的部分；贝类中的双壳类检取覆盖在节足肌肉外层的内脏和瓣鳃。

5. 饮料、冷冻饮品检验预处理

（1）瓶装饮料：用点燃的酒精棉球灼烧瓶口灭菌，用石炭酸纱布盖好。塑料瓶口可用75%酒精棉球擦拭灭菌，用灭菌开瓶器将盖启开，含有二氧化碳的饮料可倒入另一灭菌容器内，口勿盖紧，覆盖一灭菌纱布，轻轻摇荡，待气体全部逸出后，进行检验。

（2）冰棍：用灭菌镊子除去包装纸，将冰棍部分放入灭菌磨口瓶内，木棒留在瓶外，盖上瓶盖，用力抽出木棒，或用灭菌剪子剪掉木棒，置45℃水浴30min，融化后立即进行检验。

（3）冰激凌：放在灭菌容器内，待其融化立即进行检验。

6. 调味品检验预处理

（1）瓶装样品和袋装样品：用点燃的酒精棉球烧灼瓶口灭菌，用石炭酸纱布盖好，再用灭菌开瓶器启开，袋装样品用75%酒精棉球消毒袋口后进行检验。

（2）酱类：用无菌操作称取25g，放入灭菌容器内，加入灭菌蒸馏水225mL；吸取酱油25mL，加入灭菌蒸馏水225mL，制成混悬液。

（3）食醋：用200～300g/L灭菌石炭酸钠溶液调pH到中性。

7. 冷食菜、豆制品检验预处理

定型包装样品，先用75%酒精棉球消毒包装袋口，用灭菌剪刀剪开后以无菌操作称取25g检样，放入225mL灭菌生理盐水中，用均质器打碎1min，制成混悬液。

8. 糖果、糕点和蜜饯检验预处理

（1）糕点（饼干）、面包：如为原包装，用灭菌镊子夹下包装纸，采取外部及中心部位；如为带馅，共25g；奶花糕点，采取奶花及糕点部分各一半，共25g。

（2）蜜饯：采取不同部位称取25g检样。

（3）糖果：用灭菌镊子夹取包装纸，称取数块，共25g，加入预温至45℃灭菌生理盐水225mL，待溶解后检验。

9. 酒类检验预处理

（1）瓶装酒类：用点燃的酒精棉球灼烧瓶口灭菌，用石炭酸纱布盖好，再用灭菌开瓶器将盖启开，含有二氧化碳的酒类可倒入另一灭菌容器内，口勿盖紧，覆盖一灭菌纱布，轻轻振荡，待气体全部逸出后，进行检验。

（2）散装酒类：散装酒类可直接吸取，进行检验。

10. 方便面（速食米粉）检验预处理

（1）未配有调味料的方便面（米粉）、即食粥、速食米粉：以无菌操作开封取样，称取样品25g，加入225mL灭菌生理盐水，制成1∶10的均质液。

（2）配有调味料的方便面（米粉）、即食粥、速食米粉：以无菌操作开封取样，将面（粉）块、干饭粒和全部调味料及配料一起称量，按1∶1（kg/L）加入灭菌生理盐水，制成检样均质液。然后量取50mL均质液加到200mL灭菌生理盐水中，制成1∶10的稀释液。

三、注意事项

（1）所采集的检验样品一定要具有代表性，采样时应首先对该批食品原料、加工及运输过程、储藏方法、周围环境卫生状况等进行详细调查，检查是否有污染源存在。

（2）采样数量及方法应符合标准检验方法的要求。

（3）采样应注意无菌操作，容器必须灭菌，避免环境中微生物污染，容器不得使用煤酚皂溶液、新洁尔灭、乙醇等消毒药物灭菌，更不能含有此类消毒药物或抗生素类药物，以避免杀死样品中的微生物，所用剪、刀、匙用具也需灭菌方可使用。

（4）样品采集后应立即送往检验室检验，送检过程中一般不超过3h。如路程较远，可保存在1～5℃环境中。如需冷冻，则在冻存状态下送检。

（5）检验室收到样品后，进行登记（样品名称、送检单位、数量、日期、编号等），观察样品的外观，如果发现有下列情况之一者，可拒绝检验。

① 样品经过特殊高压、煮沸或其他方法杀菌者，失去代表原食品检验意义者。

② 瓶、袋装食品已启开者，熟肉及其制品、熟禽等食品已折碎不完整者，即失去原食品形状者（食物中毒样品除外）。

③ 按规定采样数量不足者。

检验室收到符合送检要求的样品后，应立即对其进行检验，如果条件不具备，应将其置于4℃冰箱存放。

（6）样品检验时，根据其不同性状，进行适当处理。

① 液体样品接种时，应充分混合均匀，按量吸取进行接种。

② 固体样品，用灭菌刀剪取其不同部位共25g，置于225mL灭菌生理盐水或其他溶液中，用均质器搅碎混匀后，按量吸取接种。

③ 瓶、袋装食品应用灭菌操作启开，根据性状选择上述方法处理后接种。

任务测评

食品样品的采集与制备评价表见表6-3。

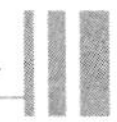

表 6-3　食品样品的采集与制备评价表

内容	评价标准	分值
采样前准备工作	采样前能根据取样产品合理选择取样工具	8
	工作服、发网或消毒处理过的清洁的鞋靴，必须有助于证明采集者没有污染到食物产品或样品	8
	能根据取样产品合理选择干冰、盒子或制冷皿、灭菌容器、灭菌手套、无菌棉拭子、灭菌包装袋等	8
采样过程	所采样品应具有代表性	8
	采样必须符合无菌操作的要求，一件用具只能用于一个样品，防止交叉污染	8
	采样标签应完整、清楚，尽可能提供详尽的资料，如样品名称、批次、日期、采样人、采样地点、温度等，标记应牢固，具有防水性，字迹不会被擦掉或脱色	8
样品保存和运送	保存和运送过程中应保证样品中微生物的状态不发生变化	6
	盛样品的容器应消毒处理，但不得用消毒剂处理样品。不能在样品中加入任何防腐剂	6
	样品采集后，最好由专人立即送检	6
	作好样品运送记录，写明运送条件、日期、到达地点及其他需要说明的情况，并由运送人签字	6
样品处理	样品接收时做好记录并查对，相关信息予以登记，接收人员应签字	6
	检样的制备采用均质法比搅拌效果好	6
	检样的量一般在 25g（mL）；检样与稀释剂或培养基的比例一般为 1∶9	8
	以无菌操作去掉包装或消毒包装后以无菌操作吸取检样	8
合计		100

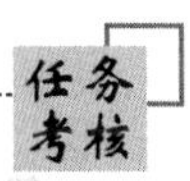

（1）生食鱼片中细菌总数标准为 n=5，c=0，m=100CFU/g，其含义是什么？

（2）澳大利亚冷冻糖中，食品的大肠菌群标准为 n=5，c=2，m=100，M=1000，其含义是什么？

模块二　食品微生物检测技术

项目七 食品中微生物的检测

微生物检测贯穿于食品原辅料供应、加工、销售的全过程，是食品安全控制链中的重要监控点。因此，食品微生物检测技术是食品企业安全与质量控制的重要技术，是食品从业人员和食品卫生监督工作者不可或缺的技能，是保证食品安全卫生的重要手段。

任务一 菌落总数测定

菌落总数是判定食品被细菌污染程度的主要标志。通过测定菌落总数，可观察食品中细菌的性质及细菌在食品中繁殖的动态，以便为被检样品的卫生学评价提供科学依据。

任务描述

针对目前食品容易出现菌落总数超标的现状，特委托你们对市售食品进行菌落总数测定，以对送检样品微生物指标进行评价。

任务要求

知识目标

（1）了解菌落总数测定的意义与原理。

（2）掌握菌落总数测定的程序。

能力目标

（1）掌握用国家标准方法测定菌落总数的操作技能。

（2）具有获取、分析、归纳、使用信息及解决问题的能力。

（3）具有良好的沟通、交流及自主学习的能力。

素质目标

（1）能够按照国家标准进行菌落总数测定，具备严谨求实的科学态度。

（2）能够严格遵守无菌操作规范，培养工作责任心。

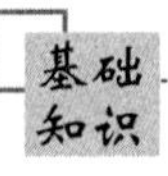

一、菌落

菌落是指细菌在固体培养基上生长繁殖而形成的能被肉眼识别的生长物，它由数以万计相同的细菌集合而成。当样品被稀释到一定程度时，与培养基混合，在一定培养条件下，每个能够生长繁殖的细菌细胞都可以在平板上形成一个可见的菌落。

二、菌落总数

菌落总数指在一定条件下（如需氧情况、营养条件、pH、培养温度和时间等）每克（每毫升）检样所生长出来的细菌菌落总数；按国家标准方法规定，即在需氧情况下，37℃培养 48h，能在普通营养琼脂平板上生长的细菌菌落总数。另外，厌氧菌或微需氧菌、有特殊营养要求的及非嗜中温的细菌，由于现有条件不能满足其生理需求，难以繁殖生长。因此，菌落总数并不表示实际中的所有细菌总数，菌落总数并不能区分其中细菌的种类，所以有时称为杂菌数或需氧菌数等。菌落总数测定是用来判定食品被细菌污染的程度及卫生质量的，它反映食品在生产过程中是否符合卫生要求，以便对被检样品作出适当的卫生学评价。菌落总数在一定程度上标志着食品卫生质量的优劣。

三、菌落总数测定的意义

菌落总数主要作为判别食品被污染程度的标志，通过测定菌落总数，可以了解食品生产中从原料加工到成品包装所受到外界污染的情况；也可以观察细菌在食品中繁殖的动态，确定食品的保存期，以便为被检样品的卫生学评价提供依据。食品中菌落总数越多，说明食品质量越差，即病原菌污染的可能性越大；当菌落总数很少时，则病原菌污染的可能性就会降低，或者几乎不存在。如果食品中菌落总数多于 10 万个，就足以引起细菌性食物中毒；如果人的感官能察觉食品发生变质，则细菌数已达到 10^6～10^7 个/g（mL）。

菌落总数严重超标，说明其产品的卫生状况达不到基本的卫生要求，将会破坏食品的营养成分，加速食品的腐败变质，使食品失去食用价值。消费者食用微生物超标严重的食品，很容易患痢疾等肠道疾病，危害人体健康安全。

但需要强调的是，菌落总数和致病菌数有本质区别，菌落总数包括致病菌数和有益菌数。对人体有损害的主要是致病菌，这些病菌会破坏肠道的正常菌落环境，一部分可能在肠道被杀灭，一部分会留在人体，引起腹泻，损伤肝脏等身体器官；而有益菌包括酸乳中常被提起的乳酸菌等。菌落总数超标也意味着致病菌数超标的概率增大，增加危害人体健康的概率。

任务实施

一、材料准备

1. 准备设备和材料

除微生物实验室常规灭菌及培养设备外，其他设备和材料如下。

（1）恒温培养箱：（36±1）℃，（30±1）℃。

（2）冰箱：2～5℃。

（3）恒温水浴箱：（46±1）℃。

（4）天平：感量 0.1g。

（5）均质器。

（6）振荡器。

（7）无菌吸管：1mL（具 0.01mL 刻度）、10mL（具 0.1mL 刻度）或微量移液器及吸头。

（8）无菌锥形瓶：容量（250mL、500mL）。

（9）无菌培养皿：直径 90mm。

（10）pH 计或 pH 比色管或精密 pH 试纸。

（11）放大镜或（和）菌落计数器。

2. 准备培养基和试剂

培养基和试剂 1：菌落总数测定

（1）计数琼脂培养基平板。

（2）磷酸盐缓冲液。

（3）无菌生理盐水。

具体配方参看二维码。

二、操作步骤

具体操作视频参看二维码。

1. 样品制备

视频：菌落总数测定

（1）固体和半固体样品：称取 25g 样品置盛有 225mL 磷酸盐缓冲液或生理盐水的无菌均质杯内，8000～10 000r/min 均质 1～2min，或放入盛有 225mL 稀释液的无菌均质袋中，用拍击式均质器拍打 1～2min，制成 1∶10 的样品匀液。

液体样品：以无菌吸管吸取 25mL 样品置于盛有 225mL 磷酸盐缓冲液或生理盐水的无菌锥形瓶（瓶内预置适当数量的无菌玻璃珠）中，充分混匀，制成 1∶10 的样品匀液。

（2）用 1mL 无菌吸管或微量移液器吸取 1∶10 样品匀液 1mL，沿管壁缓慢注于盛有 9mL 稀释液的无菌试管中（注意吸管或吸头尖端不要触及稀释液面），振摇试管或换用 1 支无菌吸管反复吹打使其混合均匀，制成 1∶100 的样品匀液。

（3）按上述操作，制备 10 倍系列稀释样品匀液。每递增稀释一次，换用 1 支 1mL 无菌吸管或吸头。

（4）根据对样品污染状况的估计，选择 2～3 个适宜稀释度的样品匀液（液体样品可包括原液），在进行 10 倍递增稀释时，吸取 1mL 样品匀液于无菌平皿内，每个稀释度做两个平皿。同时，分别吸取 1mL 空白稀释液加入两个无菌平皿内作空白对照。

2. 倾注培养

（1）及时将 15～20mL 冷却至 46℃的平板计数琼脂培养基［可放置于（46±1）℃恒温水浴箱中保温］倾注平皿，并转动平皿使其混合均匀。

（2）待琼脂凝固后，将平板翻转，（36±1）℃培养（48±2）h。水产品：（30±1）℃培养（72±3）h。

（3）如果样品中可能含有在琼脂培养基表面弥漫生长的菌落，可在凝固后的琼脂表面覆盖一薄层琼脂培养基（约 4mL），凝固后翻转平板，按以上条件进行培养。

3. 菌落计数

（1）可用肉眼观察，必要时用放大镜或菌落计数器，记录稀释倍数和相应的菌落数量。菌落计数以菌落形成单位（colony forming unit，CFU）表示。

（2）选取菌落数在 30～300CFU、无蔓延菌落生长的平板，计数菌落总数。低于 30CFU 的平板，记录具体菌落数；大于 300CFU 的平板，可记录为多不可计。每个稀释度的菌落数应采用两个平板的平均数。

（3）其中一个平板有较大片状菌落生长时，则不宜采用，而应以无片状菌落生长的平板作为该稀释度的菌落数；片状菌落不到平板的一半，而其余一半中菌落分布又很均匀，即可计算半个平板后乘以 2，代表一个平板菌落数。

（4）当平板上出现菌落间无明显界线的链状生长时，则将每条单链作为一个菌落计数。

4. 结果计算

（1）若只有一个稀释度平板上的菌落数在适宜计数范围，计算两个平板菌落数的平均值，再将平均值乘以相应稀释倍数，作为每克（毫升）样品中菌落总数结果。

（2）若有两个连续稀释度的平板菌落数在适宜计数范围，按下式计算：

$$N=\sum C/\left[(n_1+0.1n_2)d\right]$$

式中，N 为样品中菌落数；$\sum C$ 为平板（含适宜范围菌落数的平板）菌落数之和；n_1 为第一稀释度（低稀释倍数）平板个数；n_2 为第二稀释度（高稀释倍数）平板个数；d 为稀释因子（第一稀释度）。

示例：　　稀释度　　　1∶100（第一稀释度）　　1∶1000（第二稀释度）

　　　菌落数（CFU）　　232，244　　　　　　　　33，35

$$N=\sum C/(n_1+0.1n_2)d$$
$$=(232+244+33+35)/[(2+0.1\times 2)\times 10^{-2}]$$
$$=544/0.022$$
$$\approx 24\ 727$$

上述数据按要求修约后，表示为 25 000 或 2.5×10^4。

（3）若所有稀释度的平板上菌落数均大于 300CFU，则对稀释度最高的平板进行计数，其他平板可记录为多不可计，结果按平均菌落数乘以最高稀释倍数计算。

（4）若所有稀释度的平板菌落数均小于 30CFU，则应按稀释度最低的平均菌落数乘以稀释倍数计算。

（5）若所有稀释度（包括液体样品原液）平板均无菌落生长，则以小于 1 乘以最低稀释倍数计算。

（6）若所有稀释度的平板菌落数均不在 30～300CFU，其中一部分小于 30CFU 或大于 300CFU 时，则以最接近 30CFU 或 300CFU 的平均菌落数乘以稀释倍数计算。

5. 菌落总数的报告

（1）菌落数小于 100CFU 时，按"四舍五入"原则修约，以整数报告。菌落数大于或等于 100CFU 时，第 3 位数字采用"四舍五入"原则修约后，取前 2 位数字，后面用"0"代替位数；也可用 10 的指数形式来表示，按"四舍五入"原则修约后，采用两位有效数字。

（2）若所有平板上为蔓延菌落而无法计数，则报告菌落蔓延。

（3）若空白对照平板上有菌落生长，则此次检测结果无效。

（4）称量取样以 CFU/g 为单位报告，体积取样以 CFU/mL 为单位报告。

6. 结果与报告

记录结果并填于表 7-1。

表 7-1　菌落总数测定原始数据记录报告单

<table>
<tr><td colspan="2">送检单位</td><td colspan="2"></td><td>样品名称</td><td colspan="2"></td></tr>
<tr><td colspan="2">生产单位</td><td colspan="2"></td><td>生产日期</td><td colspan="2"></td></tr>
<tr><td colspan="2">检验日期</td><td colspan="2"></td><td>检测依据</td><td colspan="2"></td></tr>
<tr><td colspan="2">检验项目</td><td colspan="5"></td></tr>
<tr><td colspan="2">稀释倍数</td><td></td><td colspan="2"></td><td></td><td>空白对照</td></tr>
<tr><td rowspan="2">菌落数</td><td>1</td><td></td><td colspan="2"></td><td></td><td></td></tr>
<tr><td>2</td><td></td><td colspan="2"></td><td></td><td></td></tr>
<tr><td colspan="2">菌落总数报告</td><td colspan="5"></td></tr>
<tr><td colspan="2">检验员</td><td colspan="2"></td><td>复核</td><td colspan="2"></td></tr>
</table>

三、注意事项

（1）吸管进出瓶子或试管时，吸管口不得触及瓶口、管口的外围部分。

（2）吸管插入试样液，要使管尖与容器内壁紧贴。

（3）进行稀释时，吸管口不得与稀释液接触。

（4）检样从开始稀释到倾注最后一个平皿所用时间不宜超过 20min。

（5）每递增稀释一次，换用 1 次 1mL 无菌吸管或吸头。

（6）操作中必须有“无菌操作”的意识，所用玻璃器皿必须是完全灭菌的。所用剪刀、镊子等器具也必须进行消毒处理。样品如果有包装，应用 75%酒精棉球在包装开口处擦拭后取样。操作应当在超净工作台或经过消毒处理的无菌室进行。

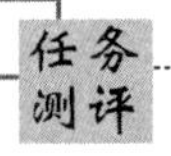

菌落总数测定评价见表 7-2。

表 7-2　菌落总数测定评价表

内容		评分标准	分值
样品制备	手的消毒	用 75%酒精棉球擦手心、手指、手背，干后进行操作	10
	吸管使用	正确打开包装；正确握持吸管；垂直调节液面；放液时吸管尖端不触及液面	10
	稀释样品	系列稀释顺序正确；稀释时能混合均匀；每变化一个稀释倍数能更换吸管	10
	试管操作	开塞、盖塞动作熟练；开塞后、盖塞前对管口灭菌；试管持法得当	10
	稀释度的选择	选择 2～3 个适宜的稀释度	5
培养	倾注平皿	平皿及锥形瓶握持姿势正确，倾注培养基适量，混合均匀	10
	培养	培养温度、时间符合要求	10
结果报告	菌落计数	能正确判断菌落并准确计数（30～300CFU、无蔓延菌落生长的菌落总数）	10
	无菌操作	空白对照无菌	10
	计算报告	报告结果规范、正确	10
	物品的整理归位	台面整理干净，物品归位、无破损	5
合计			100

任务考核

（1）食品中检出的菌落总数是否代表该食品中的所有细菌数？为什么？

（2）为什么培养基在使用前要保持（46±1）℃的温度？

（3）为什么要把培养皿倒置培养？

（4）哪些因素影响检验结果的准确性？

任务二　霉菌和酵母菌计数

任务描述

针对目前粮油制品容易霉菌超标的现状，特委托你们对粮油制品进行霉菌及酵母菌测定，以对送检样品微生物指标进行评价。

任务要求

知识目标

（1）了解霉菌和酵母菌计数的意义与原理。
（2）掌握霉菌和酵母菌计数的程序。

能力目标

（1）掌握国家标准方法测定霉菌和酵母菌并计数的技能。
（2）具有获取、分析、归纳、使用信息及解决问题的能力。

素质目标

（1）能够按照国家标准进行霉菌和酵母菌计数，具备严谨求实的科学态度。
（2）培养诚信品质，增强遵纪守法的意识。

基础知识

一、酵母菌和霉菌

酵母菌是真菌中的一大类，通常是单细胞，呈圆形、卵圆形、腊肠形或杆状。酵母菌细胞中蛋白质含量高达细胞干重的50%以上，并含有人体必需的氨基酸。酵母菌在自然界中分布很广，尤其喜欢在偏酸性且含糖较多的环境中生长，如在水果、蔬菜、花蜜的表面和在果园土壤中较为常见，在牛奶和动物的排泄物中也可发现。空气中也存在少数酵母菌，它们多为腐生型，少数为寄生型。酵母菌是一通俗名称，没有确切定义。

霉菌是丝状真菌的俗称，意即“发霉的真菌”。霉菌不是真菌分类中的名词，而是丝状真菌的通称。凡是在营养基质上能形成绒毛状、网状或絮状菌丝体的真菌（除少数外），统称为霉菌。

霉菌和酵母菌也可造成食品腐败变质。影响霉菌生长繁殖及产毒的因素很多，与食品关系密切的有水分、温度、基质、通风等条件。控制这些条件，可以对食品中霉菌分布及产毒造成很大的影响。

二、霉菌和酵母菌检测的意义

霉菌和酵母菌广泛分布于自然界并可作为食品正常菌相的一部分。在某些情况下，霉菌和酵母菌在食品中生长可使食品腐败变质，还可破坏食品的色、香、味，使食品产生不良气味、颜色改变等。例如，酵母菌在新鲜的和加工的食品中繁殖，可使食品产生难闻的异味；它还可以使液体发生混浊，产生气泡，形成薄膜等。霉菌和酵母菌能合成有毒的代谢产物（霉菌毒素），可引起急性或慢性食源性疾病。黄曲霉毒素等霉菌毒素具有强烈的致癌性，或能促进病原菌生长。

因此，霉菌和酵母菌可作为评价食品卫生质量的指标之一，以霉菌和酵母菌数判断食品的污染程度。

任务实施

一、材料准备

1. 准备设备和材料

除微生物实验室常规灭菌及培养设备外，其他设备和材料如下。

（1）恒温培养箱：（28±1）℃。

（2）拍击式均质器及均质袋。

（3）电子天平：感量0.1g。

（4）无菌锥形瓶：容量500mL。

（5）无菌吸管：1mL（具0.01mL刻度）、10mL（具0.1mL刻度）。

（6）无菌试管：ϕ18mm×180mm。

（7）漩涡混合器。

（8）无菌平皿：直径 90mm。

（9）恒温水浴箱：（46±1）℃。

（10）显微镜：10～100倍。

（11）微量移液器及吸头：1.0mL。

（12）折光仪。

（13）郝氏计测玻片：具有标准计测室的特质玻片。

（14）盖玻片。

（15）测微器：具有标准刻度的玻片。

2. 准备培养基和试剂

培养基和试剂2：霉菌和酵母菌计数

（1）生理盐水。
（2）马铃薯葡萄糖琼脂培养基。
（3）孟加拉红培养基。
（4）磷酸盐缓冲液。
具体配方参看二维码。

二、操作步骤

具体操作视频参看二维码。

视频：霉菌和酵母菌计数

1. 样品制备

（1）固体和半固体样品：称取 25g 样品，加入 225mL 无菌稀释液（蒸馏水或生理盐水或磷酸盐缓冲液），充分振摇，或用拍击式均质器拍打 1～2min 制成 1∶10 的样品匀液。

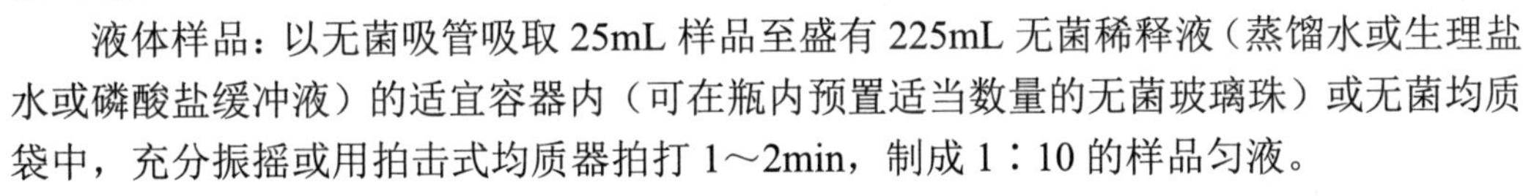

液体样品：以无菌吸管吸取 25mL 样品至盛有 225mL 无菌稀释液（蒸馏水或生理盐水或磷酸盐缓冲液）的适宜容器内（可在瓶内预置适当数量的无菌玻璃珠）或无菌均质袋中，充分振摇或用拍击式均质器拍打 1～2min，制成 1∶10 的样品匀液。

（2）样品稀释：取 1mL 1∶10 样品匀液注入含有 9mL 无菌稀释液的试管中，另换一支 1mL 无菌吸管反复吹吸，或在旋涡混合器上混匀，此液为 1∶100 的样品匀液。

（3）按上述操作，制备 10 倍递增系列稀释样品匀液。每递增稀释一次，换用 1 支 1mL 无菌吸管。

2. 倾注培养

（1）根据对样品污染状况的估计，选择 2～3 个适宜稀释度的样品匀液（液体样品可包括原液），在进行 10 倍递增稀释的同时，每个稀释度分别吸取 1mL 样品匀液于 2 个无菌平皿内。同时分别取 1mL 无菌稀释液加入 2 个无菌平皿作空白对照。

（2）及时将 20～25mL 冷却至 46℃的马铃薯葡萄糖琼脂培养基或孟加拉红琼脂培养基［放置于（46±1）℃恒温水浴箱中保温］倾注平皿，并转动平皿使其混合均匀。置水平台面，待培养基完全凝固。

（3）琼脂凝固后，正置平板，置（28±1）℃培养箱中培养，观察并记录培养至第 5 天的结果。

3. 菌落计数

用肉眼观察，必要时可用放大镜或低倍镜，记录稀释倍数和相应的霉菌和酵母菌菌落数。菌落记数以菌落形成单位（CFU）表示。

选取菌落数在10～150CFU的平板，根据菌落形态分别计数霉菌和酵母菌。霉菌蔓延生长覆盖整个平板的可记录为菌落蔓延。

4. 结果计算

（1）计算同一稀释度的两个平板菌落数的平均值，再将平均值乘以相应稀释倍数。

（2）若有两个稀释度平板上菌落数均在10～150CFU，则按照《食品安全国家标准　食品微生物学检验　菌落总数测定》（GB 4789.2—2016）的相应规定进行计算。

（3）若所有平板上菌落数均大于150CFU，则对稀释度最高的平板进行计数，其他平板可记录为多不可计，结果按平均菌落数乘以最高稀释倍数计算。

（4）若所有平板上菌落数均小于10CFU，则应按稀释度最低的平均菌落数乘以稀释倍数计算。

（5）若所有稀释度（包括液体样品原液）平板均无菌落生长，则以小于1乘以最低稀释倍数计算。

（6）若所有稀释度的平板菌落数均不在10～150CFU，其中一部分小于10CFU或大于150CFU时，则以最接近10CFU或150CFU的平均菌落数乘以稀释倍数计算。

5. 菌落总数的报告

（1）菌落数按“四舍五入”原则修约。菌落数在10以内时，采用一位有效数字报告；菌落数在10～100时，采用两位有效数字报告。菌落数大于或等于100时，第3位数字采用“四舍五入”原则修约后，取前2位数字，后面用0代替位数来表示结果；也可用10的指数形式来表示，此时也按“四舍五入”原则修约，采用两位有效数字。

（2）若空白对照平板上有菌落出现，则此次检测结果无效。

（3）称量取样以CFU/g为单位报告，体积取样以CFU/mL为单位报告。

6. 结果与报告

记录结果并填于表7-3。

表7-3　霉菌和酵母菌计数原始数据记录报告单

送检单位		样品名称	
生产单位		生产日期	
检验日期		检测依据	
检验项目			

续表

稀释倍数					空白对照
菌落数	1				
	2				
菌落总数报告					
检验员			复核		

三、注意事项

（1）取样要有代表性。

（2）空气中霉菌的孢子含量很高，所以取样的工具、容器等要经过严格的高压蒸汽灭菌。

（3）由于霉菌易被携带，所以检样时操作人员应尽量避免自身携带的可能。

（4）有些孢子是连成串的，故均质和振摇能使其充分散开，同时，在各梯度连续稀释时，也要用灭菌吸管反复吹吸几次，使孢子充分散开。

（5）在 25～28℃培养，3d 后观察，需培养观察一周。

任务测评

霉菌和酵母菌计数评价表见表 7-4。

表 7-4　霉菌和酵母菌计数评价表

内容		评分标准	分值
样品制备	手的消毒	用 75%酒精棉球擦手心、手指、手背，干后进行操作	10
	吸管使用	正确打开包装；正确握持吸管；垂直调节液面；放液时吸管尖端不触及液面	10
	稀释样品	系列稀释顺序正确；稀释时能混合均匀；每变化一个稀释倍数能更换吸管	10
	试管操作	开塞、盖塞动作熟练；开塞后、盖塞前管口灭菌；试管持法得当	10
	稀释度的选择	选择 2～3 个适宜的稀释度	5
培养	倾注平皿	平皿及锥形瓶握持姿势正确，倾注培养基适量，混合均匀	10
	培养	培养温度、时间符合要求	10
结果报告	菌落计数	能正确判断菌落并准确计数（10～150 CFU、无蔓延菌落生长的菌落总数）	10
	无菌操作	空白对照无菌	10
	计算报告	报告结果规范、正确	10
	物品的整理归位	台面整理干净，物品归位、无破损	5
合计			100

任务考核

（1）培养基中孟加拉红的作用是什么？

（2）检验霉菌、酵母菌的意义是什么？

（3）哪些因素影响检验的准确性？

（4）为什么选择直径 90mm 的平板？

（5）测定霉菌和酵母菌数时，为什么要选择菌落数为 10～150CFU 的平皿进行计数，而不同于细菌总数测定时，选择菌落数为 30～300CFU 的平皿？

任务三 大肠菌群计数

任务描述

针对目前大肠菌群超标容易引起食物中毒的现状，特委托你们对熟肉制品进行大肠菌群测定，以对送检样品的微生物指标进行评价。

任务要求

知识目标

（1）了解大肠菌群计数的意义与原理。
（2）掌握大肠菌群计数的检验程序。

能力目标

（1）掌握用国家标准方法测定大肠菌群并计数的技能。
（2）具有良好的沟通、交流及自主学习的能力。

素质目标

（1）能够按照国家标准进行大肠菌群的测定，具备严谨求实的科学态度。
（2）能够严格遵守无菌操作，具备规范操作意识。

基础知识

一、大肠菌群

大肠菌群并非细菌学分类名称，而是卫生细菌领域的用语，它不代表某一个或某一属细菌，而是指具有某些特性的一组与粪便污染有关的细菌。这些细菌在生化及血清学方面并非完全一致。其定义为：需氧及兼性厌氧、在 37℃能分解乳糖产酸产气的革兰氏阴性无芽孢杆菌。一般认为，该菌群细菌可包括大肠杆菌、柠檬酸杆菌、产气克雷白氏菌和阴沟肠杆菌等。

大肠菌群分布较广，在温血动物粪便和自然界广泛存在。人、畜粪便对外界环境的污染是大肠菌群在自然界存在的主要原因。粪便中多以典型大肠杆菌为主，而外界环境中则以大肠菌群其他类型较多。大肠埃希菌习惯称为大肠杆菌，分类于肠杆菌科，归属于埃希菌属。大肠杆菌为人和动物肠道中的常居菌，大多不致病，在一定条件下可引起肠道外感染。

二、大肠菌群检测的意义

大肠菌群是作为粪便污染指标菌提出来的，即以该菌群的检出情况来表示食品中是否有粪便污染。大肠菌群数表明了粪便污染的程度，也反映了对人体健康的危害性。粪便是人类肠道排泄物，其中有健康人粪便，也有肠道患者或带菌者的粪便，所以粪便内除一般正常细菌外，同时也会有一些肠道致病菌存在（如沙门氏菌、志贺氏菌等）。若食品中有粪便污染，则可以推测该食品中存在着肠道致病菌污染的可能性，潜伏着食物中毒和流行病的威胁。大肠菌群是评价食品卫生质量的重要指标之一，目前已被国内外广泛应用于食品卫生工作中。

三、大肠菌群检测方法

MPN 为最大可能数（most probable number）的简称。MPN 法是统计学和微生物学结合的一种定量检测法。待测样品经系列稀释并培养后，根据其未生长的最低稀释度与生长的最高稀释度，应用统计学概率论推算出待测样品中大肠菌群的最大可能数。

大肠菌群检验中常用的抑菌剂有胆盐、十二烷基硫酸钠、洗衣粉、煌绿、龙胆紫、孔雀绿等。抑菌剂的主要作用是抑制其他杂菌，特别是革兰氏阳性菌的生长。

国家标准中乳糖胆盐发酵管利用胆盐作为抑菌剂，行业标准中 LST 肉汤利用十二烷基硫酸钠作为抑菌剂，BGLB 肉汤利用煌绿和胆盐作为抑菌剂。抑菌剂虽可抑制样品中的一些杂菌，而有利于大肠菌群细菌的生长和挑选，但对大肠菌群中的某些菌株有时也产生一些抑制作用。有些抑菌剂用量甚微，称量时稍有误差，即可对抑菌作用产生影响，因此抑菌剂的添加应严格按照标准方法进行。

任务实施

一、材料准备

1. 准备设备和材料

除微生物实验室常规灭菌及培养设备外，其他设备和材料如下。

（1）恒温培养箱：（36±1）℃。

（2）冰箱：2～5℃。

（3）恒温水浴箱：（46±1）℃。

（4）天平：感量 0.1g。

（5）均质器。

（6）振荡器。

（7）无菌吸管：1mL（具 0.01mL 刻度）、10mL（具 0.1mL 刻度）或微量移液器及吸头。

（8）无菌锥形瓶：容量500mL。

（9）无菌培养皿：直径90mm。

（10）pH计或pH比色管或精密pH试纸。

（11）菌落计数器。

2. 准备培养基和试剂

（1）月桂基硫酸盐胰蛋白胨肉汤。

（2）煌绿乳糖胆盐肉汤。

（3）结晶紫中性红胆盐琼脂。

（4）无菌磷酸盐缓冲液。

（5）无菌生理盐水。

（6）1mol/L NaOH。

（7）1mol/L HCl。

具体配方参看二维码。

培养基和试剂3：大肠菌群计数

二、操作步骤

具体操作视频参看二维码。

视频：大肠菌群计数（MPN计数法）

1. 样品的制备和稀释

（1）固体和半固体样品：称取25g样品，放入盛有225mL磷酸盐缓冲液或生理盐水的无菌均质杯内，8000～10 000r/min均质1～2min，或放入盛有225mL磷酸盐缓冲液或生理盐水的无菌均质袋中，用拍击式均质器拍打1～2min，制成1∶10的样品匀液。

液体样品：以无菌吸管吸取25mL样品置盛有225mL磷酸盐缓冲液或生理盐水的无菌锥形瓶（瓶内预置适当数量的无菌玻璃珠）中，充分混匀，制成1∶10的样品匀液。

（2）样品匀液的pH应在6.5～7.5，必要时分别用1mol/L NaOH或1mol/L HCl调节。

（3）用1mL无菌吸管或微量移液器吸取1∶10样品匀液1mL，沿管壁缓缓注入9mL磷酸盐缓冲液或生理盐水的无菌试管中（注意吸管或吸头尖端不要触及稀释液面），振摇试管或换用1支1mL无菌吸管反复吹打，使其混合均匀，制成1∶100的样品匀液。

（4）根据对样品污染状况的估计，按上述操作，依次制成10倍递增系列稀释样品匀液。每递增稀释1次，换用1支1mL无菌吸管或吸头。从制备样品匀液至样品接种完毕，全过程不得超过15min。

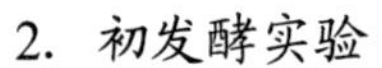

2. 初发酵实验

每个样品，选择 3 个适宜的连续稀释度的样品匀液（液体样品可以选择原液），每个稀释度接种 3 管月桂基硫酸盐胰蛋白胨（LST）肉汤，每管接种 1mL（如接种量超过 1mL，则用双料 LST 肉汤），(36±1）℃培养（24±2）h，观察倒管内是否有气泡产生，(24±2）h 产气者进行复发酵实验，如未产气则继续培养至（48±2）h，产气者进行复发酵实验。未产气者为大肠菌群阴性。

3. 复发酵实验

用接种环从产气的 LST 肉汤管中分别取培养物 1 环，移种于煌绿乳糖胆盐肉汤（BGLB）管中，(36±1）℃培养（48±2）h，观察产气情况。产气者，计为大肠菌群阳性管。

4. 大肠菌群最大可能数（MPN）的报告

按复发酵实验确证的大肠菌群 LST 阳性管数，检索 MPN 表（表 7-5），报告每克（毫升）样品中大肠菌群的 MPN 值。

表 7-5　大肠菌群最可能数（MPN）检索表

阳性管数			MPN	95%可信限		阳性管数			MPN	95%可信限	
0.10	0.01	0.001		下限	上限	0.10	0.01	0.001		下限	上限
0	0	0	<3.0	—	9.5	2	1	1	20	4.5	42
0	0	1	3.0	0.15	9.6	2	1	2	27	8.7	94
0	1	0	3.0	0.15	11	2	2	0	21	4.5	42
0	1	1	6.1	1.2	18	2	2	1	28	8.7	94
0	2	0	6.2	1.2	18	2	2	2	35	8.7	94
0	3	0	9.4	3.6	38	2	3	0	29	8.7	94
1	0	0	3.6	0.17	18	2	3	1	36	8.7	94
1	0	1	7.2	1.3	18	3	0	0	23	4.6	94
1	0	2	11	3.6	38	3	0	1	38	8.7	11
1	1	0	7.4	1.3	20	3	0	2	64	17	180
1	1	1	11	3.6	38	3	1	0	43	9	180
1	2	0	11	3.6	42	3	1	1	75	17	200
1	2	1	15	4.5	42	3	1	2	120	37	420
1	3	0	16	4.5	42	3	1	3	160	40	420
2	0	0	9.2	1.4	38	3	2	0	93	18	420
2	0	1	14	3.6	42	3	2	1	150	37	420
2	0	2	20	4.5	42	3	2	2	210	40	430
2	1	0	15	3.7	42	3	2	3	290	90	1000

续表

阳性管数			MPN	95%可信限		阳性管数			MPN	95%可信限	
0.10	0.01	0.001		下限	上限	0.10	0.01	0.001		下限	上限
3	3	0	240	42	1000	3	3	2	1100	180	4000
3	3	1	460	90	2000	3	3	3	>1100	420	—

注：① 本表采用3个稀释度［0.1g（mL）、0.01g（mL）和0.001g（mL）］，每个稀释度接种3管。

② 表内所列检样量如改用1g（mL）、0.1g（mL）和0.01g（mL），表内数字应相应降低10倍；如改用0.01g（mL）、0.001g（mL）、0.0001g（mL），则表内数字应相应增高10倍，其余类推。

5. 结果与报告

记录结果并填于表7-6。

表7-6　大肠菌群计数原始数据记录报告单

送检单位					样品名称				
生产单位					生产日期				
检验日期					检测依据				
检验项目									
接种量									
初发酵实验									
复发酵实验									
阳性管数统计									
结果报告									
检验员					复核				

注：+表示阳性，-表示阴性。

三、注意事项

（1）在连续递次稀释时，每一稀释液应充分振摇，使其均匀。

（2）每一稀释度应更换一支吸管。

（3）在进行连续稀释时，应使吸管内液体沿管壁流入，勿使吸管尖端伸入稀释液内，以免吸管外部黏附的检液溶于其内。

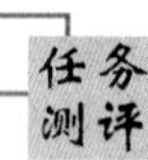

大肠菌群计数评价表见表7-7。

表7-7　大肠菌群计数评价表

内容		评分标准	分值
样品制备	手的消毒	用75%酒精棉球擦手心、手指、手背，干后进行操作	5
	吸管使用	正确打开包装；正确握持吸管；垂直调节液面；放液时吸管尖端不触及液面	10

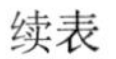

续表

内容		评分标准	分值
样品制备	稀释样品	系列稀释顺序正确；稀释时能混合均匀；每变化一个稀释倍数能更换吸管	10
	试管操作	开塞、盖塞动作熟练；开塞后、盖塞前管口灭菌；试管持法得当	10
	无菌区操作	在火焰旁进行稀释接种	5
初发酵实验	3个稀释度的选择	每个稀释度样品匀液能正确接种到相应稀释度的发酵管	5
	接种	每个稀释度样品匀液能接种3个发酵管；接种量为1mL	10
	判定结果	判定的初发酵结果与初发酵管产气现象一致	10
复发酵实验	接种环的使用	接种环持法正确；取培养物前接种环灼烧灭菌彻底并能冷却；取出培养物后接种环不碰壁、不过火；接种完接种环灼烧灭菌彻底	10
	产气管的选择	正确选择初发酵的产气管进行接种	5
	无菌区操作	在火焰旁进行复发酵接种	5
	判定结果并报告	判定的复发酵结果与复发酵管产气现象一致；报告结果规范、正确	10
	物品的整理归位	台面整理干净，物品归位、无破损	5
合计			100

任务考核

（1）所有发酵管均为阴性反应时，检验结果可否报告为“零”？

（2）为什么大肠菌群的检验要经过复发酵实验才能证实？

（3）什么是大肠菌群？大肠菌群计数的单位及其意义是什么？

任务四　金黄色葡萄球菌检验

任务描述

金黄色葡萄球菌对人的健康具有潜在危险性，如金黄色葡萄球菌引起感染，由金黄色葡萄球菌肠毒素引起食物中毒。现在你是质检人员，请按照国家标准要求，对某餐厅的食物中金黄色葡萄球菌进行抽检，并出具检测报告。

任务要求

知识目标

（1）了解金黄色葡萄球菌检验的意义与原理。

（2）掌握金黄色葡萄球菌检验的程序。

能力目标

（1）掌握用国家标准方法测定金黄色葡萄球菌的技能。
（2）具有获取、分析、归纳、使用信息及解决问题的能力。

素质目标

能够按照国家标准进行金黄色葡萄球菌的检验，具备严谨求实的科学态度。

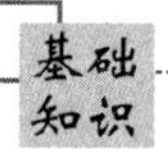

一、金黄色葡萄球菌的特点

金黄色葡萄球菌无芽孢、鞭毛，大多数无荚膜，革兰氏染色阳性。典型的金黄色葡萄球菌为球形，直径 0.8μm 左右，显微镜下排列成葡萄串状。金黄色葡萄球菌营养要求不高，在普通培养基上生长良好，需氧或兼性厌氧，最适生长温度 37℃，最适生长 pH 为 7.4。平板上菌落厚，有光泽，圆形凸起，直径 1～2mm。血琼脂平板菌落周围形成透明的溶血环。金黄色葡萄球菌有高度的耐盐性，可在 10%～15% NaCl 肉汤中生长；可分解葡萄糖、麦芽糖、乳糖、蔗糖，产酸不产气。金黄色葡萄球菌具有较强的抵抗力，对磺胺类药物敏感性低，但对青霉素、红霉素等高度敏感。金黄色葡萄球菌能产生凝固酶，使血浆凝固，多数致病菌株能产生溶血毒素，使血琼脂平板菌落周围出现溶血环，在试管中出现溶血反应。这些是鉴定致病性金黄色葡萄球菌的重要指标。

二、金黄色葡萄球菌的危害

金黄色葡萄球菌在自然界中无处不在，空气、水、灰尘及人和动物的排泄物中都可找到。因而，食品受其污染的机会很多。在美国，由金黄色葡萄球菌肠毒素引起的食物中毒事件占整个细菌性食物中毒事件的 33%，加拿大则更多，占 45%，我国每年发生的此类中毒事件也非常多。故食品中存在金黄色葡萄球菌对人的健康是一种潜在危险，检查食品中金黄色葡萄球菌及数量具有实际意义。

金黄色葡萄球菌的流行病学特点如下：季节分布，多见于春夏季；中毒食品种类多，如奶、肉、蛋、鱼及其制品。金黄色葡萄球菌是人类化脓感染中最常见的病原菌，可引起局部化脓感染，也可引起肺炎、伪膜性肠炎、心包炎等，甚至败血症、脓毒症等全身感染。

三、金黄色葡萄球菌污染食品的途径

一般来说，金黄色葡萄球菌可通过以下途径污染食品：食品加工人员、炊事员或销售人员带菌，造成食品污染；食品在加工前本身带菌，或在加工过程中受到了污染，产生了肠毒素，引起食物中毒；熟食制品包装不严，在运输过程中受到污染；奶牛患化脓性乳腺炎或禽畜局部化脓时对肉体其他部位的污染。

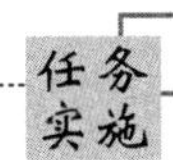

一、材料准备

1. 设备和材料

除微生物实验室常规灭菌及培养设备外，其他设备和材料如下。

（1）恒温培养箱：（36±1）℃。

（2）冰箱：2～5℃。

（3）恒温水浴箱：37～65℃。

（4）天平：感量 0.1g。

（5）均质器。

（6）振荡器。

（7）无菌吸管：1mL（具 0.01mL 刻度）、10mL（具 0.1mL 刻度）或微量移液器及吸头。

（8）无菌锥形瓶：容量 100mL、500mL。

（9）无菌培养皿：直径 90mm。

（10）涂布棒。

（11）pH 计或 pH 比色管或精密 pH 试纸。

2. 培养基和试剂

培养基和试剂 4：金黄色葡萄球菌检验

（1）7.5%氯化钠肉汤。

（2）血琼脂平板。

（3）Baird-Parker 琼脂平板。

（4）脑心浸出液肉汤（BHI）。

（5）兔血浆。

（6）稀释液：磷酸盐缓冲液。

（7）营养琼脂小斜面。

（8）革兰氏染色液。

（9）无菌生理盐水。

具体配方参看二维码。

二、操作步骤

视频：金黄色葡萄球菌检验

具体操作视频参看二维码。

1. 样品的处理

称取 25g 样品至盛有 225mL 7.5%氯化钠肉汤的无菌均质杯内，8000～10 000 r/min 均质 1～2min，或放入盛有 225mL 7.5%氯化钠肉汤无菌均质袋中，用拍击式均质器拍打

1～2min。若样品为液态，吸取 25mL 样品至盛有 225mL 7.5%氯化钠肉汤的无菌锥形瓶（瓶内可预置适当数量的无菌玻璃珠）中，振荡混匀。

2. 增菌

将上述样品匀液于（36±1）℃培养 18～24h。金黄色葡萄球菌在 7.5%氯化钠肉汤中呈混浊生长。

3. 分离

将增菌后的培养物，分别划线接种到 Baird-Parker 琼脂平板和血琼脂平板，血琼脂平板（36±1）℃培养（18～24）h，Baird-Parker 琼脂平板（36±1）℃培养（24～48）h。

4. 初步鉴定

金黄色葡萄球菌在 Baird-Parker 琼脂平板上呈圆形，表面光滑、凸起、湿润，菌落直径为 2～3mm，颜色呈灰黑色到黑色，有光泽，常有浅色（非白色）的边缘，周围绕以不透明圈（沉淀），其外常有一清晰带。当用接种针触及菌落时具有黄油样黏稠感。有时可见到不分解脂肪的菌株，除没有不透明圈和清晰带外，其他外观基本相同。从长期储存的冷冻或脱水食品中分离的菌落，其黑色常较典型菌落浅些，且外观可能较粗糙，质地较干燥。在血琼脂平板上，形成菌落较大，圆形、光滑凸起、湿润、金黄色（有时为白色），菌落周围可见完全透明溶血圈。挑取上述可疑菌落进行革兰氏染色镜检及血浆凝固酶实验。

5. 确证鉴定

（1）染色镜检：金黄色葡萄球菌为革兰氏阳性球菌，排列呈葡萄球状，无芽孢，无荚膜，直径为 0.5～1μm。

（2）血浆凝固酶实验：挑取 Baird-Parker 琼脂平板或血琼脂平板上至少 5 个可疑菌落（小于 5 个全选），分别接种到 5mL BHI 和营养琼脂小斜面，（36±1）℃培养 18～24h。

取新鲜配制兔血浆 0.5mL，放入小试管中，再加入 BHI 培养物 0.2～0.3mL，振荡摇匀，置（36±1）℃温箱或水浴箱内，每半小时观察一次，观察 6h，如呈现凝固（即将试管倾斜或倒置时，呈现凝块）或凝固体积大于原体积的一半，判定为阳性结果。

同时以血浆凝固酶实验阳性和阴性葡萄球菌菌株的肉汤培养物作为对照。也可用商品化的试剂，按说明书操作，进行血浆凝固酶实验。

结果如可疑，挑取营养琼脂小斜面的菌落到 5mL BHI 中，（36±1）℃培养 18～48h，重复实验。

6. 结果与报告

（1）结果判定：符合初步鉴定和确证鉴定结果，可判定为金黄色葡萄球菌。

（2）结果报告：在 25g（mL）样品中检出或未检出金黄色葡萄球菌。

记录结果并填于表 7-8。

表 7-8　金黄色葡萄球菌检验原始数据记录报告单

送检单位		样品名称	
生产单位		生产日期	
检验日期		检测依据	
检验项目			
Baird-Parker 琼脂平板			
血琼脂平板			
革兰氏染色镜检			
血浆凝固酶实验			
结果判定			
结果报告		复核	

任务测评

金黄色葡萄球菌检验评价表见表 7-9。

表 7-9　金黄色葡萄球菌检验评价表

内容		评分标准	分值
样品处理	手的消毒	用 75%酒精棉球擦手心、手指、手背，干后进行操作	5
	吸管使用	打开包装正确；握持吸管方法正确；垂直调节液面；放液时吸管尖端不触及液面	10
	采样	样品称量、均质，无菌操作规范	10
增菌和分离	划线接种	划线前要灼烧，第一次灼烧后要冷却后才能伸入菌液；以后划线不用沾菌液，但要灼烧；划线时第一区域不能与最后区域相连；划线时力度不能过大	10
	接种针的使用	接种针持法正确；取培养物前接种针灼烧灭菌彻底并能冷却；取出培养物后接种针不碰壁、不过火；接种完接种针灼烧灭菌彻底	10
	增菌和分离培养	培养温度、时间控制合理	10
鉴定	初步鉴定	在 Baird-Parker 琼脂平板和血琼脂平板上准确识别典型菌落	10
	染色镜检	涂片均匀，革兰氏染色控制得当，镜检结果判断准确	10
	血浆凝固酶实验	可疑菌落挑取、培养方法正确，结果观察判定准确	10
	结果报告	报告结果规范、正确	10
	物品的整理归位	台面整理干净，物品归位、无破损	5
合计			100

（1）简述金黄色葡萄球菌在 Baird-Parker 平板上的菌落特征。

（2）为什么用 7.5% NaCl 肉汤增菌？

（3）如何判定血浆凝固酶实验为阳性？

任务五　乳酸菌检验

任务描述

国家质量监督检验检疫总局（现国家市场监督管理总局）发布的酸乳国家标准中规定，乳酸菌数不得低于 1×10^{6}CFU/mL。可见，酸乳中乳酸菌数量已正式成为评价酸乳质量的一项重要指标。请你们对市售酸乳产品进行检测，测定乳酸菌数量。

任务要求

知识目标

（1）了解乳酸菌检验的意义与原理。

（2）掌握乳酸菌检验的程序。

能力目标

（1）掌握用国家标准方法测定乳酸菌数量的操作技能。

（2）具有分析、解决问题的能力。

素质目标

（1）具备严谨求实的科学态度。

（2）培养诚信品质，增强遵纪守法的意识。

基础知识

一、乳酸菌的概念

乳酸菌是一类能利用可发酵糖产生大量乳酸的细菌的总称，这个名称就细菌分类学而言是一非正式、不规范的名称。发酵乳需要控制各种乳酸菌的比例，有些国家将乳酸菌的活菌数作为区分产品品种和质量的依据。乳酸菌广泛存在于人、畜、禽肠道，许多食品、物料及少数临床样品中。乳酸菌可以提高食品的营养价值，改善食品风味，提高食品保藏性和附加值。而且乳酸菌的特殊生理活性和营养功能正日益引起人们的重视。

二、乳酸菌的种类及特征

乳酸菌从形态上主要有球状和杆状两大类。按照生化分类法，乳酸菌可分为乳杆菌属、链球菌属、明串珠菌属、双歧杆菌属和汁球菌属 5 个属，每个属又有很多菌种，某些菌种还包括数个亚种。

乳杆菌属的乳酸菌形态多样，有长形、细长形、短杆状、棒形球杆状及弯曲状等；属于革兰氏阳性无芽孢菌，微需氧，能产生大量乳酸和乳酸盐；生长温度为 2～53℃，适宜生长温度为 30～40℃。在发酵工业中应用的主要有同型发酵乳杆菌（如德氏乳杆菌、保加利亚乳杆菌、瑞士乳杆菌、嗜酸乳杆菌和干酪乳杆菌）及异型发酵乳杆菌（如短乳杆菌和发酵乳杆菌）。

链球菌属的乳酸菌一般呈短链或长链状排列，为无芽孢的革兰氏阳性菌，兼性厌氧。发酵葡萄糖的主要产物是乳酸，但不产气；触酶阴性，通常溶血；生长温度为 25～45℃，最适温度为 37℃。生产中常用的主要有乳酸链球菌、丁二酮乳酸链球菌、乳酪链球菌和嗜热乳链球菌等。

明串珠菌属的乳酸菌大多呈圆形或卵圆形的链状排列，常存在于水果和蔬菜中，能在高浓度的含糖食品中生长。该菌属的乳酸菌均是异型发酵菌。常见的有肠膜明串珠菌及其乳脂亚种和葡萄糖亚种、嗜橙明串珠菌、乳酸明串珠菌和酒明串珠菌，尤以肠膜明串珠菌的乳脂亚种最为常见，它可发酵柠檬酸而产生特征风味物质，又称风味菌、香气菌和产香菌。

双歧杆菌属的细胞呈多形态，有棍棒状或匙形、近球状、长弯杆状、分叉杆状、短杆状等；单个或链状、V 形、栅栏状排列，革兰氏染色阳性（24h 培养），无芽孢、不耐酸、不运动；厌氧，在有氧条件下不能在平板上生长；菌落一般光滑、凸圆，边缘完整，呈乳脂色至白色，闪光并具有柔软的质地；生长温度为 25～45℃，适宜生长温度为 37～41℃；分解糖，对葡萄糖的代谢为异型发酵。应用于发酵乳制品生产的仅有 5 种，即两歧双歧杆菌、长双歧杆菌、短双歧杆菌、婴儿双歧杆菌和青春双歧杆菌，它们都存在于人的肠道内。

三、乳酸菌检验的意义

人体肠道内栖息着数百种细菌，其数量超过百万亿个。益生菌以乳酸菌、双歧杆菌等为代表，有害菌以大肠杆菌、产气荚膜梭状芽孢杆菌等为代表。当益生菌占优势时（占总数的 80%以上），人体保持健康状态，否则处于亚健康或非健康状态。科学研究结果表明，以乳酸菌为代表的益生菌是人体必不可少的且具有重要生理功能的有益菌，它们的数量，与人的健康和寿命相关。

饮用酸乳是人类增加乳酸菌的重要途径之一，因此酸乳中乳酸菌的含量是评价产品对于人类营养与健康作用的重要标志。国家标准规定产品中的乳酸菌数不得低于 1×10^6CFU/mL。

任务实施

一、材料准备

1. 准备设备和材料

除微生物实验室常规灭菌及培养设备外，其他设备和材料如下。

（1）恒温培养箱：（36±1）℃。

（2）冰箱：2～5℃。

（3）均质器及无菌均质袋、均质杯或灭菌乳钵。

（4）天平：感量0.01g。

（5）无菌试管：ϕ18mm×180mm、ϕ15mm×100mm。

（6）无菌吸管：1mL（具0.01mL刻度）、10mL（具0.1mL刻度）或微量移液器及吸头。

（7）无菌锥形瓶：容量500mL、250mL。

2. 准备培养基和试剂

（1）生理盐水。

（2）MRS（Man Rogosa Sharpe）培养基及莫匹罗星锂盐（Li-Mupirocin）和半胱氨酸盐酸盐（Cysteine Hydrochloride）改良MRS培养基。

（3）MC培养基（Modified Chalmers培养基）。

具体配方参看二维码。

培养基和试剂5：乳酸菌检验

二、操作步骤

具体操作视频参看二维码。

1. 样品制备

（1）样品的全部制备过程均应遵循无菌操作程序。

（2）冷冻样品可先使其在2～5℃条件下解冻，时间不超过18h，也可在温度不超过45℃的条件下解冻，时间不超过15min。

视频：乳酸菌检验

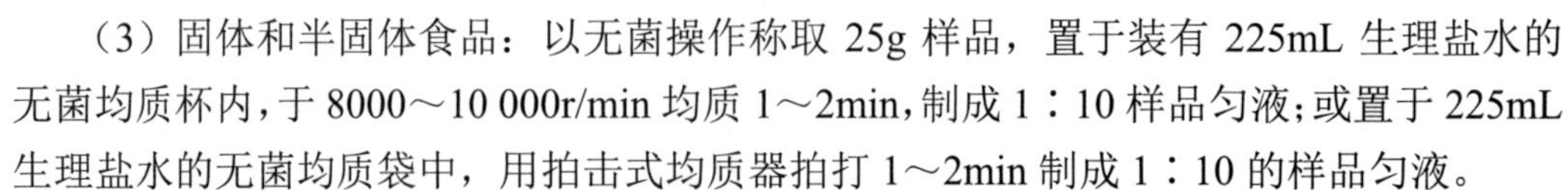

（3）固体和半固体食品：以无菌操作称取25g样品，置于装有225mL生理盐水的无菌均质杯内，于8000～10 000r/min均质1～2min，制成1∶10样品匀液；或置于225mL生理盐水的无菌均质袋中，用拍击式均质器拍打1～2min制成1∶10的样品匀液。

（4）液体样品：液体样品应先将其充分摇匀后以无菌吸管吸取样品25mL放入装有225mL生理盐水的无菌锥形瓶（瓶内预置适当数量的无菌玻璃珠）中，充分振摇，制成1∶10的样品匀液。

2. 培养

（1）用 1mL 无菌吸管或微量移液器吸取 1∶10 样品匀液 1mL，沿管壁缓慢注于装有 9mL 生理盐水的无菌试管中（注意吸管尖端不要触及稀释液），振摇试管或换用 1 支无菌吸管反复吹打使其混合均匀，制成 1∶100 的样品匀液。

（2）另取 1mL 无菌吸管或微量移液器吸头，按上述操作顺序，做 10 倍递增样品匀液，每递增稀释一次，即换用 1 支 1mL 灭菌吸管或吸头。

（3）乳酸菌计数：

① 乳酸菌总数：乳酸菌总数计数培养条件的选择及结果说明见表 7-10。

表 7-10　乳酸菌总数计数培养条件的选择及结果说明

样品中所包括乳酸菌菌属	培养条件的选择及结果说明
仅包括双歧杆菌属	按 GB 4789.34—2016 的规定执行
仅包括乳杆菌属	按照④操作。结果即为乳杆菌属总数
仅包括嗜热链球菌	按照③操作。结果即为嗜热链球菌总数
同时包括双歧杆菌属和乳杆菌属	（1）按照④操作。结果即为乳酸菌总数
	（2）如需单独计数双歧杆菌属数目，按照②操作
同时包括双歧杆菌属和嗜热链球菌	（1）按照②和③操作，二者结果之和即为乳酸菌总数
	（2）如需单独计数双歧杆菌属数目，按照②操作
同时包括乳杆菌属和嗜热链球菌	（1）按照③和④操作，二者结果之和即为乳酸菌总数
	（2）③结果为嗜热链球菌总数
	（3）④结果为乳杆菌属总数
同时包括双歧杆菌属、乳杆菌属和嗜热链球菌	（1）按照③和④操作，二者结果之和即为乳酸菌总数
	（2）如需单独计数双歧杆菌属数目，按照②操作

② 双歧杆菌计数：根据对待检样品双歧杆菌含量的估计，选择 2～3 个连续的适宜稀释度，每个稀释度吸取 1mL 样品匀液于灭菌平皿内，每个稀释度做两个平皿。稀释液移入平皿后，将冷却至 48℃的莫匹罗星锂盐和半胱氨酸盐酸盐改良的 MRS 培养基倾注入平皿约 15mL，转动平皿使混合均匀。（36±1）℃厌氧培养（72±2）h，培养后计数平板上的所有菌落数。从样品稀释到平板倾注要求在 15min 内完成。

③ 嗜热链球菌计数：根据待检样品嗜热链球菌活菌数的估计，选择 2～3 个连续的适宜稀释度，每个稀释度吸取 1mL 样品匀液于灭菌平皿内，每个稀释度做两个平皿。稀释液移入平皿后，将冷却至 48℃的 MC 培养基倾注入平皿约 15mL，转动平皿使其混合均匀。（36±1）℃需氧培养（72±2）h，培养后计数。嗜热链球菌在 MC 琼脂平板上的菌落特征为：菌落中等偏小，边缘整齐光滑，呈红色，直径（2±1）mm，菌落背面为粉红色。从样品稀释到平板涂布要求在 15min 内完成。

④ 乳杆菌计数：根据待检样品活菌总数的估计，选择 2～3 个连续的适宜稀释度，每个稀释度吸取 1mL 样品匀液于灭菌平皿内，每个稀释度做两个平皿。稀释液移入平皿后，将冷却至 48℃的 MRS 琼脂培养基倾注入平皿约 15mL，转动平皿使其混合均匀。（36±1）℃厌氧培养（72±2）h。从样品稀释到平板倾注要求在 15min 内完成。

3. 菌落计数

可用肉眼观察，必要时用放大镜或菌落计数器，记录稀释倍数和相应的菌落数量。菌落计数以菌落形成单位（CFU）表示。

（1）选取菌落数在 30～300CFU、无蔓延菌落生长的平板计数菌落总数。低于 30 CFU 的平板记录具体菌落数；大于 300CFU 的平板可记录为多不可计。每个稀释度的菌落数应采用两个平板的平均数。

（2）其中一个平板有较大片状菌落生长时，则不宜采用，而应以无片状菌落生长的平板作为该稀释度的菌落数；若片状菌落不到平板的一半，而其余一半中菌落分布又很均匀，即可计算半个平板后乘以 2，代表一个平板菌落数。

（3）当平板上出现菌落间无明显界线的链状生长时，则将每条单链作为一个菌落计数。

4. 结果计算

（1）若只有一个稀释度平板上的菌落数在适宜计数范围内，计算两个平板菌落数的平均值，再将平均值乘以相应稀释倍数，作为每克（毫升）中菌落总数结果。

（2）若有两个连续稀释度的平板菌落数在适宜计数范围内，按下式计算：

$$N=\sum C/[(n_1+0.1n_2)\ d]$$

式中，N 为样品中菌落数；$\sum C$ 为平板（含适宜范围菌落数的平板）菌落数之和；n_1 为第一稀释度（低稀释倍数）平板个数；n_2 为第二稀释度（高稀释倍数）平板个数；d 为稀释因子（第一稀释度）。

（3）若所有稀释度的平板上菌落数均大于 300CFU，则对稀释度最高的平板进行计数，其他平板可记录为多不可计，结果按平均菌落数乘以最高稀释倍数计算。

（4）若所有稀释度的平板菌落数均小于 30CFU，则应按稀释度最低的平均菌落数乘以稀释倍数计算。

（5）若所有稀释度（包括液体样品原液）平板均无菌落生长，则以小于 1 乘以最低稀释倍数计算。

（6）若所有稀释度的平板菌落数均不在 30～300CFU，其中一部分小于 30CFU 或大于 300CFU 时，则以最接近 30CFU 或 300CFU 的平均菌落数乘以稀释倍数计算。

5. 菌落数的报告

（1）菌落数小于 100CFU 时，按“四舍五入”原则修约，以整数报告。

（2）菌落数大于或等于 100CFU 时，第 3 位数字采用“四舍五入”原则修约后，取前 2 位数字，后面用“0”代替位数；也可用 10 的指数形式来表示，按“四舍五入”原则修约后，采用两位有效数字。

（3）称量取样以 CFU/g 为单位报告，体积取样以 CFU/mL 为单位报告。

6. 结果与报告

记录结果并填于表 7-11。根据菌落计数结果出具报告，报告单位以 CFU/g（mL）表示。

表 7-11　乳酸菌检验原始数据记录单

送检单位					样品名称				
生产单位					生产日期				
检验日期					检测依据				
检验项目									
培养基									
乳酸菌总数									
双歧杆菌计数									
嗜热链球菌计数									
乳杆菌计数									
菌落计数									
结果报告									
检验员					复核				

任务测评

乳酸菌检验评价表见表 7-12。

表 7-12　乳酸菌检验评价表

内容		评分标准	分值
样品制备	无菌操作	样品的全部制备过程均应遵循无菌操作程序	10
	稀释样品	系列稀释顺序正确；稀释时能混合均匀；每变化一个稀释倍数能更换吸管；正确握持吸管；垂直调节液面；放液时吸管尖端不触及液面；试管持法得当，开塞、盖塞动作熟练；开塞后、盖塞前对管口灭菌	20
乳酸菌计数	稀释度的选择	选择 2～3 个适宜的稀释度	10
	倾注平皿	平皿及锥形瓶握持姿势正确，倾注培养基适量，混合均匀	10

续表

内容		评分标准	分值
乳酸菌计数	培养	培养温度、时间符合要求	10
	菌落计数	选取菌落数在 30～300 CFU、无蔓延菌落生长的平板计数菌落总数	10
结果报告	结果表述	结果表述规范、正确	10
	无菌操作	空白对照无菌	10
	物品的整理归位	台面整理干净，物品归位、无破损	10
合计			100

任务考核

（1）为什么乳酸菌的检测关键是选用特定的培养基？
（2）如何对乳酸菌进行计数？

任务六 微生物快速检测

任务描述

传统的微生物检验方法操作烦琐，需要时间较长，准备和收尾工作繁重，而且要有大量人员参与，所以迫切需要准确、省时、省力和省成本的快速检验方法。请你们按照国家标准要求，用 3M 测试法对食品进行检测。

任务要求

知识目标

（1）了解食品中微生物快速检测的意义与原理。
（2）了解食品微生物快速检测法的种类。

能力目标

（1）掌握 3M 测试法的技能。
（2）具有良好的沟通、交流及自主学习的能力。

素质目标

通过了解最新的快速检测方法，增强科学创新意识。

基础知识

一、微生物快速检测方法及应用

随着人们生活水平的不断提高，各种安全问题越来越受到人们的重视，微生物的污染问题也相应地备受关注。食品和环境都有被微生物污染的可能，一旦污染，微生物将

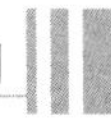

大量繁殖而导致食源性疾病或环境污染甚至医院内感染。特别是近年来随着环境污染的加剧和生态平衡不断被破坏，致病菌的种类越来越多，病原微生物对人类的威胁越来越大。传统的检验方法主要包括形态检查和生化方法，其准确性、灵敏性均较高，但涉及的实验较多，操作烦琐，需要的时间较长，准备和收尾工作繁重，而且要有大量人员参与。所以，迫切需要准确、省时、省力和省成本的快速检验方法。

1. 选择、鉴定用培养基法

在培养基中加入特异性的生化反应底物、抗体、荧光反应底物、酶反应底物等，可使目标培养物的选择、分离、鉴定一次性完成。如生物梅里埃公司的 BP+RPF（兔血浆+纤维蛋白原）培养基，可在 24h 内鉴定金黄色葡萄球菌。Merk 公司的 Chromocult Coliform Agar 培养基上，大肠杆菌为墨绿色至紫色菌落，沙门氏菌为淡绿色至蓝绿色菌落，柠檬酸杆菌和克雷伯杆菌为橙红色至红色菌落，其他肠道菌为无色菌落。

2. 即用型纸片法

美国 3M 公司的 Perrifilm^{TM} Plate 系列微生物测试片，可分别检测菌落总数，进行大肠菌群计数、霉菌和酵母菌计数。由 RCP Scientific Inc.公司开发上市的 Regdigel 系列，除上述项目外还有检测乳杆菌、沙门氏菌、葡萄球菌计数的产品，这两个系列的产品与传统检测方法之间的相关性非常好。如用大肠菌群快检纸片检测餐具的表面，操作简便、快速、省料，特异性和敏感性与发酵法符合率高。使用时应正确掌握操作技术和判断标准，从而达到理想的检测效果。美国 3M 公司生产的 PF（Petrifilm）试纸还加入了染色剂、显色剂，增强了菌落的目视效果，而且避免了热琼脂法不适宜受损细菌恢复的缺陷。霉菌快速检验纸片，应用于食品检验中霉菌的测定，操作简便，仅需 36℃培养，不需要低温设备；快速，仅需 2d 就可观察结果，比现在的国家标准检验方法缩短 3～5d，大大提高了工作效率。纸片法与国家标准法在霉菌检出率上表现出的差异无统计学意义，且菌落典型，易判定。纸片荧光法是一种利用细菌产生某些代谢酶或代谢产物的特点而建立的酶-底物反应法。只需检测食品中大肠菌群、大肠杆菌的有关酶的活性，将荧光产物在 365nm 紫外光下观察即可。同时纸片可高压蒸汽灭菌处理，4℃保存，简化了实验准备、操作和判断过程。但它们价格昂贵，限制了其在基层单位的实际应用。

3. 免疫学技术

免疫学技术通过抗原和抗体的特异性结合反应，再辅以免疫放大技术来鉴别细菌。免疫方法的优点是样品在进行选择性增菌后，不需分离，即可采用免疫技术进行筛选。由于免疫法有较高灵敏度，样品经增菌后可在较短的时间内达到检出度，抗原和抗体的结合反应可在很短时间内完成。此技术对操作者要求不高，是目前为止在基层单位应用时间最长、最为广泛的一项快速检测技术。如采用免疫磁珠法可有效地收集、浓缩神奈川现象阳性的副溶血性弧菌，可显著提高环境样品及食品中病原性副溶血性弧菌的检出率。胶体金免疫层析法能快速、灵敏地检测金黄色葡萄球菌，应用胶体金免疫层析法检测乙型肝炎表面抗原，可大大提高工作效率。ATP 生物发光法是近年发展较快的一种用于食品生产加工设备洁净度检测的快速检测方法。利用 ATP 生物发光分析技术和体细胞清除技术测量细菌 ATP 和体细胞 ATP（细菌 ATP 的量与细菌数成正比），用 ATP 生物发光分析技术检测肉类食品或食品器具的细菌污染状况，都能够达到快速、适时的目标。微型自动荧光酶标分析法（mini VIDAS）利用酶联荧光免疫分析技术，通过抗原-抗体特异反应，分离出目标菌，由特殊仪器根据荧光的强弱自动判断样品的阳性或阴性。VIDAS 法检测冻肉中的沙门氏菌具有很高的灵敏度和特异性，用于进出口冻肉的检测，可大大缩短检验时间，加快通关速度，检测冻肉中的李斯特氏菌亦如此。

4. 细菌直接计数法

细菌直接计数法主要包括流式细胞仪（flow cytometry，FCM）法和固相细胞计数（solid phase cytometry，SPC）法。FCM 通常以激光作为发光源，经过聚焦整形后的光束垂直照射在样品流上，被荧光染色的细胞在激光束的照射下产生散射光和激发荧光。散射光信号基本上反映了细胞体积的大小，荧光信号的强度则代表了所测细胞膜表面抗原的强度或其核内物质的浓度，由此可通过仪器检测散射光信号和荧光信号来估计微生物的大小、形状和数量。流式细胞计数法具有高度的敏感性，可同时对目的菌进行定性和定量鉴定。目前已经建立了细菌总数、致病性沙门氏菌、大肠杆菌等的 FCM 检验方法。固相细胞计数法可以在单个细胞水平对细菌进行快速检测。过滤样品后，存留的微生物在滤膜上进行荧光标记，采用激光扫描设备自动计数。每个荧光点可直观地由通过计算机驱动的流动台连接到 ChemScan（一种化学分析仪器）上的落射荧光显微镜来检测。尤其对于生长缓慢的微生物，该方法检测用时短，明显优于传统平板计数法。但此方法要求配备特殊的仪器，成本高昂。

5. 全自动微生物分析系统（AMS）

AMS 是一种由传统生化反应及微生物检测技术与现代计算机技术相结合，运用概率最大近似值模型法进行自动微生物检测的技术，可鉴定由环境、原料及产品中分离的微生物。AMS 仅需 4～18h 即可报告结果，且可以直接报告是哪种菌。法国生物梅里埃公司出品的 Vitek AMS 自动微生物检测系统是当今世界上较为先进、自动化程度较高的细菌鉴定仪器之一。Vitek 对细菌的鉴定以每种细菌的微量生化反应为基础，不同种类的 Vitek 试卡（检测卡）含有多达 30 种生化反应孔，可鉴定 405 种细菌。用 AMS 可明显缩短肠道菌生化鉴定的时间，如鉴定沙门氏菌属只需 4h，鉴定志贺氏菌属只需 6h，鉴定霍乱弧菌等致病性弧菌只需 4～13h。可以预料在不远的将来，传统的微生物检测技术将逐渐被各种新型简便的微生物快速诊断技术所取代。近年来兴起的基因探针技术及全自动微生物检测系统，将从根本上改变微生物的检测方法，具有非常广阔的应用前景，但这套系统的价格非常高。

6. 生物化学技术

1）PCR 技术

聚合酶链反应（polymerase chain reaction，PCR）是在体外合适条件下，以单链 DNA 为模板，以一对人工合成的寡核苷酸为引物，在热稳定 DNA 聚合酶作用下特异性扩增 DNA 片段的技术。PCR 技术采用体外酶促反应合成特异性 DNA 片段，再通过扩增产物来识别细菌。PCR 技术具有特异性强、灵敏度高、快速准确、自动化程度高等特点。例如，采用 PCR 技术，可以对一些无法采用人工培养的杆状细菌或病毒进行检测，并且一天甚至几小时即可得到检测结果。

由于 PCR 灵敏度高，理论上可以检出一个细菌的拷贝基因，因此在细菌的检测中只需短时间增菌甚至不增菌，即可通过 PCR 进行筛选，节约了大量时间，但 PCR 技术也存在一些缺点：食物成分、增菌培养基成分和其他微生物 DNA 对 Taq 酶具有抑制作用，可能导致检验结果假阴性；操作过程要求严格，微量的外源性 DNA 进入 PCR 后可以无限放大，产生假阳性结果，扩增过程中有一定的装配误差，会对结果产生影响。由于以上原因，PCR 技术对操作者的自身素质要求很高，短时间内也不会有经济效益和社会效益，因此影响了这项技术在基层的应用。

2）基因探针技术

基因探针技术利用具有同源性序列的核酸单链在适当条件下互补形成稳定的 DNA-RNA 或 DNA-DNA 链的原理，采用高度特异性基因片段制备基因探针来识别细菌。基因探针的优点是减少了基因片段长度多态性所需要分析的条带数。如法国生物梅里埃公司的 GEN PROBE 基因探针检测系统，对于分离到的单个菌落，只需 30min 即可完成微生物的确证实验，基因探针的缺点是不能鉴定目标菌以外的其他菌。

二、3M 测试片介绍

3M Petrifilm™ 测试片是一种用于食品及环境中微生物检测的可再生水化干膜，由上下两层组成，上层的薄膜上通过黏合剂结合了指示剂，并涂覆了冷水可溶性凝胶，下层的纸片上涂覆了改良的培养基，并印有方格以便于计数（图 7-1）。它是一种预先制备的培养基系统，只需要将待测样品或样品稀释液直接接种，即可进行下一步的培养和计数。

根据大量数据统计，使用 3M Petrifilm™ 可以提高实验室工作效率 118%以上。品质稳定的快速测试片克服了传统测试方法存在的由于使用不同批次的培养基、不同的配制条件、不同配制人员而导致的差异性。3M 快速测试的方法得到国际权威机构的认证，在全球许多国家也已获得官方机构的正式批准。对比传统的测试方法，3M 快速测试法可缩短检测时间，在更短的时间内获得样品的测试结果，能更加迅速地采取有效的措施解决发现的问题。3M 为食品生产工艺过程中关键控制点的监控提供了较为完整的系列产品，可以对包括生产线、生产设备和环境在内的各个环节进行全面测试。

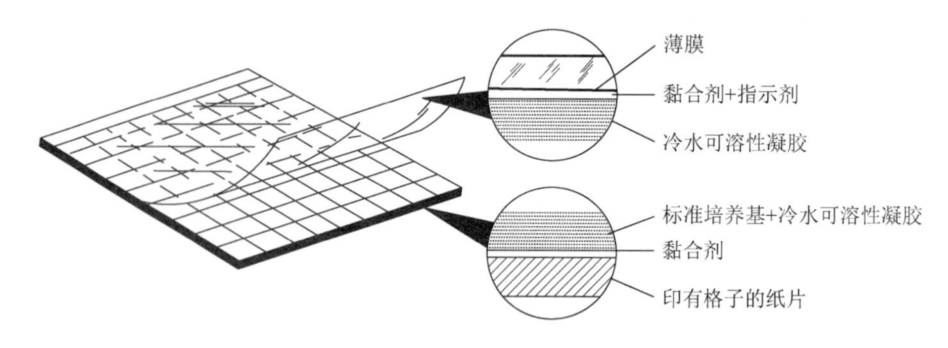

图 7-1　3M Petrifilm™ 细菌总数测试片的结构

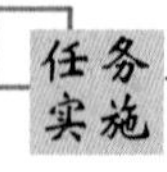

任务实施

一、材料准备

天平、精密 pH 试纸、放大镜、无菌生理盐水 1 瓶、微量移液器、500mL 锥形瓶 1 个（装 225mL 生理盐水）、200mL 锥形瓶 1 个（采样）、ϕ18mm×180mm 试管 2 支（稀释样品）、3M 细菌菌落总数测试片。

二、操作步骤

具体操作视频参看二维码。

3M Petrifilm™ 细菌总数测试法

1. 3M 测试片测试细菌总数操作方法

（1）未开封时，冷藏温度不高于 8℃，并在保藏期内用完，高温度时，凝固水可以排除，包装物最好于室温启开。

（2）已开封的，将封口用胶带封紧。

（3）再封口的袋保藏于温度≤25℃和相对湿度<50%环境，不要冷藏已开启的包装袋，并于 1 个月内使用完。

（4）制备 1∶10 和更大稀释度的食物样品稀释液，称取或吸取食物样品，置入适宜的无菌容器内，如均质袋、稀释瓶、WhirlPak 袋或者其他灭菌容器内。

（5）加入适量的无菌稀释液，包括 0.1%的蛋白胶水、缓冲蛋白胶水、盐溶液（0.85%～0.90%）或蒸馏水。不可使用含有枸橼酸盐、酸性亚硫酸盐或硫代硫酸盐的缓冲液，因为它们能抑止菌生长。

（6）搅拌或均质样品。样品的稀释液调 pH 至 6.5～7.2，对酸性样品的稀释液用 NaOH 调 pH，对碱性样品用 HCl 调 pH。

（7）将测试片置于平坦表面处，揭开上层膜。

（8）使用吸管将 1mL 样液垂直滴加在测试片的中央处。

（9）允许使用上层膜直接落下，切勿向下滚动上层膜。

（10）使用压板隆起面底朝下，放置在上层膜中央处。

（11）轻轻地压下，使样液均匀覆盖于圆形的培养面上，切勿扭转压板。

（12）拿起压板，静置至少 1min 以使培养基凝固。

（13）测试片的透明面朝上，堆叠不能超过 20 片，有时通过增加培养箱湿度来减少水分损失。

（14）可目视及用标准菌落计数器或其他的照明放大镜计数，并可参考判读卡计算菌落数。

（15）可以分离菌落作进一步鉴定，即掀起上层膜，由培养胶上挑取单个菌落。

2. 3M 测试片测试细菌总数判读方法

可用肉眼观察，必要时用放大镜或菌落计数器，记录稀释倍数和相应的菌落数量。菌落计数以菌落形成单位（CFU）表示。

（1）当每片菌落数大于 250CFU 时采用估算法，测定每小格（1cm^2）内的平均菌落数乘以 20（总生长面积数）。

（2）选择没有液化区的几个有代表性菌落的小方格（1cm^2），计算平均菌落数，不要计数液化区内的红点。

（3）生长区边缘，能看到高密度的菌落，应记录为无法计数（TNTC）。

（4）菌落分布不均衡，记录为无法计数（TNTC）。

（5）有很多高数量菌落，使整个生长区变粉色，仅可在生长区边缘观察到单个菌落，应记录为菌落太多无法计数（TNTC）。

（6）测试片面积为 20cm^2，当菌落数超过 250CFU 时，为了估计菌落数，可选择其中一个或数个有代表性菌落的小方格（1cm^2），计算平均菌落数，再乘以 20 可得到整个测试片上的菌落数。

（7）测试片菌落数适宜计数范围是 25～250CFU。

（8）测试片含有一种红色指示剂可使菌落着色，计算所有红色菌落（不论其大小和颜色深浅均计算）。

3. 填写数据报告单

记录结果并填于表 7-13。

表 7-13 3M Petrifilm™ 细菌总数测试法原始数据记录报告单

送检单位		样品名称	
生产单位		生产日期	

续表

检验日期			检测依据	
检验项目			检测方法	
稀释倍数				
菌落数	1			
	2			
菌落总数报告				
检验员			复核	

任务测评

微生物快速检测评价见表 7-14。

表 7-14　微生物快速检测评价表

内容		评分标准	分值
样品制备	无菌操作	样品的全部制备过程均应遵循无菌操作程序	10
	稀释样品	系列稀释顺序正确；稀释时能混合均匀；每变化一个稀释倍数能更换吸管；正确握持吸管；垂直调节液面；放液时吸管尖端不触及液面；试管持法得当，开塞、盖塞动作熟练；开塞后、盖塞前对管口灭菌	15
3M 测试片操作	稀释度的选择	选择适宜的稀释度	10
	接种	吸管垂直滴加样液在测试片的中央处	10
		压板隆起面底朝下，在上层膜中央处轻压，样液均匀覆盖	10
	培养	测试片透明面朝上，堆叠小于 20 片；培养温度、时间符合要求	10
结果报告	判读	菌落识别、计数准确	15
	计算报告	报告结果规范、正确	10
	物品的整理归位	台面整理干净，物品归位	10
合计			100

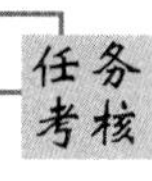

（1）3M 快速测试法的优点是什么？

（2）微生物检测发展的趋势是什么？

模块三　食品微生物应用技术

项目八　细菌在食品中的应用

在食品加工过程中，利用细菌对食品原料的作用可以生产出多种食品，如发酵乳制品、食醋、味精、发酵果蔬、益生菌制剂等。

一、发酵乳制品的生产

发酵乳制品中的主要微生物是乳酸细菌，间或有酵母菌加入乳中生产出乳酸、饮料、干酪、乳酪等产品，加入了酵母菌的产品含乙醇 1%左右。各种乳制品中所用乳酸菌品种不同，同一乳酸菌在不同原料乳中发酵，其产品风味也各具特色。

1. 干酪的生产

干酪是一种富含营养又容易消化吸收的食品，它是由优质鲜乳经杀菌后，加入凝乳剂凝乳，再加入微生物菌种发酵而成的。其生产工艺流程为：原料乳杀菌→凝块形成→排除乳清→搅拌加热→粉碎→压榨成型→加盐→发酵成熟→成品。

干酪的制作：目前都采用纯培养发酵剂来进行发酵，很少进行自然发酵。纯培养发酵多采用混合乳酸菌，有的也采用丙酸菌和丝状菌。干酪在制作和成熟的过程中，经历了复杂的变化过程，在微生物酶的作用下，原料乳蛋白质大致经历了由不溶性到易溶性的变化，即蛋白质→胨→多肽→氨基酸→氨。最后，可溶性蛋白质可达 33%左右，有的可高达 70%。乳糖由于乳酸菌的作用，逐渐变为乳酸及其他混合物。干酪在形成过程中，产生氨基酸、乳酸、其他有机酸、丁二酮等，形成了干酪特殊的风味。在干酪成熟的初期，乳酸菌占有很大的比例，但也有其他细菌存在，后来绝大多数为乳酸细菌，但在成熟后期，由于乳糖被消耗，乳酸菌也随之减少。

2. 酸制奶油的生产

以合格的鲜乳为原料，离心分离出稀奶油，经标准化调制、加碱中和杀菌、冷却后，添加发酵剂，通过乳酸菌的发酵作用，使乳糖转化为乳酸，柠檬酸转化为羟丁酮，羟丁酮进一步氧化为丁二酮，同时生成发酵中间产物甘油、脂肪酸等，共同构成酸制奶油的特殊风味，再经物理成熟、排出酪乳、加盐压炼、包装等工艺制成乳脂肪含量小于 80%、芳香浓郁的发酵乳制品即为酸制奶油。

目前酸制奶油生产的发酵剂菌种都采用混合乳酸菌，根据菌种作用不同可分为两大类：一类是产酸菌种，主要有乳酸链球菌、乳脂链球菌；另一类是产香菌种，主要有嗜柠檬酸链球菌、副嗜柠檬酸链球菌、丁二酮链球菌。

二、食醋的生产

食醋是我国劳动人民在长期生产实践中制作出来的一种调味品，历史悠久。著名的山西陈醋、镇江香醋、四川麸醋、东北白醋、江浙玫瑰米醋、福建红曲醋即是其代表品种。

醋酸杆菌是乙酸发酵的主要菌种，它能氧化乙醇为乙酸，形态为长杆状或短杆状细胞，不形成芽孢，革兰氏染色，幼龄阴性，老龄不稳定，好氧，适于在含糖和酵母浸膏的培养基上生长，适宜温度为30℃左右，适宜pH为5.0～6.3。目前国内外用于生产食醋的菌种有奥尔兰醋酸杆菌、许氏醋酸杆菌、弯曲杆菌、产醋醋杆菌、酸化醋杆菌。我国许多生产厂家使用的是中国科学院微生物研究所选育的恶臭醋酸杆菌As1.41。另一株是上海醋厂从丹东速酿醋中分离出来的复壮菌种，编号为沪酿1.01。

食醋不仅有酸味，还有鲜味、甜味和香气。这是因为原料中的淀粉经微生物酶解产生乙醇进一步变为乙酸，而蛋白质变为氨基酸，此外尚有芳香类、糖类物质生成。

制醋的发酵过程是淀粉水解成糖，在实际生产中，淀粉糖化产物是葡萄糖与糊精的混合物，葡萄糖经酵母菌在无氧条件下由EMP途径（Embden-Meyerhof-Parnas pathway，糖酵解）发酵成乙醇和二氧化碳。乙醇在醋酸杆菌的作用下氧化成乙酸。酿造食醋的原料中也有蛋白质成分，其在曲霉的蛋白酶催化下分解成各种氨基酸，这是食醋中鲜味的来源。酵母菌在乙醇发酵过程中产生一些有机酸，醋酸杆菌在乙酸发酵中能氧化葡萄糖酸，分解麸氨酸为琥珀酸，这些有机酸与醇类结合，产生了有芳香气味的酯，使食醋具有特殊的清香，在陈醋中醋类香气更浓。此外，醋酸杆菌还能氧化甘油产生二酮，二酮具有淡薄的甜味，使醋的风味更佳。

三、乳酸发酵香肠的生产

乳酸发酵香肠是高档西式肉制品，在欧美国家占有一定的消费市场。发酵香肠通常作为干制品或半干制品生产。传统发酵是自然风干发酵，没有冷藏条件。具体过程为：将生鲜肉切碎后，混上盐和调味品，灌入兽皮或肠衣中，并给以良好的条件，可保存较长时间而肉不腐败。当前用作发酵剂的菌种主要是乳杆菌属和片球菌属中的一些种，也有用微球菌、链球菌和霉菌的。一般混合菌种比单一菌种具有更好的风味。

乳酸菌发酵肉制品中的糖类主要生成乳酸、乙酸和其他挥发性脂肪酸和乙醇等。蛋白质对产品的风味、质地和颜色等有重要作用，但乳酸菌不分解蛋白质。

四、发酵果蔬的生产

1. 乳酸菌发酵蔬菜

乳酸菌发酵蔬菜是将洗净的蔬菜放于容器中并加入配料，使乳酸菌利用蔬菜中的养分进行乳酸发酵。许多种类的新鲜蔬菜都可用于生产泡菜。乳酸菌发酵蔬菜一般采用自然富集的乳酸菌进行发酵，主要有乳酸杆菌、肠膜状明串珠菌、植物乳杆菌、短乳杆菌、

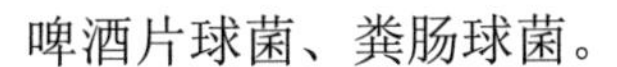
啤酒片球菌、粪肠球菌。

2. *乳酸菌发酵蔬菜汁*

蔬菜汁是从新鲜的蔬菜中用压榨或其他方法制取的汁液。一般说来，乳酸菌可以发酵各种果蔬汁。例如，番茄汁的制备，首先需挑选新鲜、红皮、成熟度一致的番茄，清洗后在 90～95℃热水中热烫 3min，使外皮软裂，杀死番茄表面上的微生物和虫卵。然后榨汁，用胶体磨均质 5min 后，用碳酸钠调 pH 至 6.4 左右，加热至 90～95℃，灭菌 20min，速冷却至 40℃，即可接种，发酵剂采用嗜热链球菌和保加利亚乳杆菌比例为 1∶1 的混合菌种。发酵后的蔬菜汁，其营养成分和风味物质都有所增加。

3. *乳酸菌发酵橄榄*

橄榄的发酵是通过绿橄榄中存在的自然菌群实现的。自然菌群由各种细菌、酵母和霉菌组成。橄榄发酵过程除了速度较慢以外，与泡菜发酵很相似。在发酵的中间阶段，乳酸菌成为主导菌。肠膜状明串珠菌和啤酒片球菌是较先成为主导菌的菌种，接着是乳酸杆菌，而其中植物乳杆菌和短乳杆菌也极为重要。

橄榄发酵过程：首先根据橄榄的种类，将绿橄榄用 1.6%～2.0%碱液处理，温度为 21～25℃，时间为 4～7h，以除去苦涩物质。然后浸泡、漂洗，以完全除去碱液。接着将绿橄榄置于橡木桶内进行盐腌。最后接种植物乳杆菌，发酵 6～10 个月。

五、益生菌制剂的生产

益生菌又称正常菌群或生理性菌群，指与人或动物保持共生关系的一类有益微生物菌群，对宿主具有改善微生态平衡、提供营养、提高免疫力、促进健康等重要生理功能。常见的益生菌有双歧杆菌、嗜酸乳杆菌等。益生菌制剂是一类新型生物制剂，在国外称为益生素，在国内称为微生态制剂。近年来，益生菌制剂作为一类重要的功能食品迅速崛起，成为发展较快的生物制剂之一。

六、谷氨酸的生产

L-谷氨酸钠俗称味精，具有鲜味，是人们日常生活中重要的调味品，我国 1963 年开始使用谷氨酸发酵法生产味精。谷氨酸生产菌主要有棒杆菌属、短小杆菌属和节杆菌属中的细菌，我国主要用北京棒杆菌 As1.209 和钝齿棒杆菌 As1.542。

谷氨酸生产工艺流程：淀粉质原料→水解糖化→中和→脱色→过滤→添加氮源、无机盐和生长因子→接种→谷氨酸发酵→提取谷氨酸→加碱→除铁脱色→浓缩→干燥→成品。

七、呈味核苷酸的生产

呈味核苷酸发酵生产始于20世纪60年代的日本，目前国内外生产的呈味核苷酸主要为5′-肌苷酸。5′-肌苷酸的主要用途是作为助鲜剂，它单独存在时，鲜味不显著，当与味精混合时，鲜味成倍提高。5′-肌苷酸生产菌种主要有产氨短杆菌、谷氨酸棒状杆菌、产谷氨酸小球菌、嗜醋酸棒杆菌、枯草芽孢杆菌等。

5′-肌苷酸生产工艺流程：发酵培养基→接种→发酵→板框压滤→脱色→活性炭吸附→浓缩结晶→精制→成品。

任务一　酸乳中乳酸菌菌种的制备

任务描述

某商家正在经营一家奶吧，欲增加酸乳产品，为了帮助其实现这个想法，请帮他从市售酸乳中分离和纯化乳酸菌菌种。

任务要求

知识目标

（1）了解酸乳的发酵机制。

（2）掌握酸乳的食用价值。

能力目标

（1）能够从酸乳中分离和纯化乳酸菌菌种。

（2）能够正确选择、制备和分离乳酸菌的培养基。

素质目标

（1）通过乳酸菌的分离和纯化，增强无菌操作意识和食品质量安全意识。

（2）通过实验用品的准备，以及实验后对物品的整理、归位、清洁，养成吃苦耐劳的职业品质。

基础知识

一、乳酸菌的功能

乳酸菌可以发酵乳糖，即经过复杂的化学反应过程，先把乳糖分解成葡萄糖和半乳糖，再把它变成乳酸。许多人肠道中的乳糖酶含量低，难以分解、吸收奶中的乳糖，所以喝牛奶后容易腹胀、腹泻。而经乳酸菌发酵后产生的半乳糖、葡萄糖，不但容易吸收，还是人脑和神经发育所需，尤对婴儿脑发育有益；所产生的乳酸，能促进胃内容物清空，减少胃酸过多分泌，提高钙、磷、铁的利用率，抑制胃肠中的有害细菌。

乳酸菌还可以分解乳蛋白。牛奶中的游离氨基酸（组成蛋白质的成分）很少，而乳蛋白的颗粒较大，较难吸收。乳酸菌为了生存，就必须分解蛋白质，以得到所需的氨基酸。乳酸菌的细胞壁上就存在着蛋白酶，能将蛋白质分解成肽，然后把肽吞噬到细胞内，再用细胞内肽酶把肽分解成各种氨基酸。肽和氨基酸易于消化、吸收，提高了蛋白质的利用率。

乳中的脂肪由于发酵，脂质被分解，因而脂肪酸增加，可比原乳中的脂肪酸多 2 倍，成熟乳酪中的脂肪酸增加 6 倍。乳中脂肪本来就是易消化的细微脂肪球，还含有不饱和脂肪酸和卵磷脂，均对心血管有益，再加上乳酸菌的作用，其营养价值更佳。牛奶中的微量元素含量在发酵过程中没有变化，但发酵提高了钙、磷的吸收率。

乳酸菌还能产生特殊的香气，使酸乳、干乳酪有一种独特的风味。据研究，这种独特的风味是由乳酸菌在发酵过程中产生的二乙酰和乙醛引起的。

乳酸菌还能抑制肠道中致病菌和腐败菌的繁殖，饮用酸乳后，粪便中的大肠杆菌、产气荚膜梭形菌数量减少，产生寡糖，可通便，缩短粪便在大肠中的时间。乳酸菌发酵产生的乳酸和乙酸有杀菌作用，而且有些菌种如保加利亚乳杆菌、嗜酸乳杆菌、乳酸乳杆菌还能产生过氧化氢，有抑菌作用。因此，酸乳能调整肠道中菌群之间的平衡，抑制有害细菌生长，有预防条件致病菌在人体免疫力低时感染人体的作用，从而对人体起到保护作用。大量服用抗生素的患者饮用酸乳，可以预防或减轻肠道菌群紊乱。

乳酸菌还具有抑制癌细胞的作用。保加利亚乳杆菌、嗜酸乳杆菌、嗜热链球菌发酵的酸乳对实验动物体内的癌细胞均有抑制作用。主要原因是肠道菌群状况改善，抑制了致癌物质产生，降低了肠中靛基质和酚的含量，强化了免疫功能，抑制了癌细胞增殖。

二、酸乳中的主要乳酸菌

酸乳是以牛乳或乳制品为原料，经均质（或不均质）、杀菌（或灭菌）、冷却后，加入特定的微生物发酵剂而制成的产品。由于乳酸菌的发酵作用，酸乳的营养成分比牛乳更趋完善，更易于消化吸收。酸乳一般使用嗜热链球菌与保加利亚乳杆菌混合菌种作为发酵剂。其他常用的发酵菌剂有乳酸链球菌、嗜酸乳杆菌、嗜橙明串珠菌、戊糖明串球菌等。

保加利亚乳杆菌菌体粗而长，（2～20）μm×1μm，两端稍圆，单个，平行或短键排列；兼性厌氧，在需氧环境下发育不良；适宜温度为 44～45℃，50℃也能生长，25～35℃生长不良，15℃停止发育；适宜 pH 为 7.0～7.2，在 pH 3.0～4.5 时也能生长。若采用保加利亚乳杆菌单独培养，在 37℃，6～8h 酸度可达 0.7%～0.8%并引起凝固，即可中止。其根据形态可分 A、B 两型。A 型为短杆菌，排列成线，菌体粗细不匀，着色均匀；B 型为长杆菌，单个存在，似有圆状物黏附于菌体。乳酸链球菌的发酵温度范围比保加利亚乳杆菌要广，其发酵酸度可达 0.8%～0.85%。

嗜热链球菌广泛用于生产一些重要的发酵乳制品，包括酸乳和乳酪。嗜热链球菌也具有一些功能活性，如生产胞外多糖、细菌素和维生素。另外，嗜热链球菌还可以作为潜在有益菌，实验证明其具有转运活性和一定的胃肠道黏附性。嗜热链球菌是兼性厌氧或微好氧的革兰氏阳性菌，以两个卵圆形为一对的球菌连成 0.7～0.9nm 的长链。在选择性培养基上，嗜热链球菌会长成米色的菌落。嗜热链球菌是同型发酵的细菌，发酵过程中，它产生 L-乳酸和叶酸。在实验室条件下，嗜热链球菌可于 45℃、缺氧情况下生长。嗜热链球菌是一种能产生 β-半乳糖苷酶的细菌，可以帮助乳糖的消化。

任务实施

一、材料准备

1. 实验材料

牛肉膏蛋白胨乳糖培养基：牛肉膏质量分数 0.5%、酵母膏质量分数 0.5%、蛋白胨质量分数 1%、葡萄糖质量分数 1%、乳糖质量分数 0.5%、氯化钠质量分数 0.5%、琼脂质量分数 2%，pH 6.8。

番茄汁培养基：番茄汁 400mL、蛋白胨 10g、胨化牛乳 10g、蒸馏水 1000mL。

马铃薯汁培养基：去皮马铃薯 200g 煮出汁，脱脂鲜乳 100mL，酵母膏 5g，琼脂 20g，加水至 1000mL，pH 7.0。

配制平皿培养基时，牛乳与其他成分分开灭菌，在倒平板前再混合。

2. 器材

无菌血浆瓶（250mL）、无菌移液管、恒温水浴锅、电炉（1000W 可调型）、恒温培养箱、冰箱等。

二、操作步骤

1. 倒平板培养基

使用乳酸菌分离用培养基，如牛肉膏蛋白胨乳糖培养基或番茄汁培养基，将其完全熔化并冷却至 45℃，倒平板，冷凝待用。

2. 稀释

将待分离的酸乳作适当稀释，稀释后将酸乳在平板上涂布接种或划线接种，并放入恒温培养箱中在 37℃条件下培养。

3. 分离纯化

观察稀释后酸乳平板的培养情况，筛选出乳酸菌的单菌落，将之划线接种于马铃薯汁培养基上，而后置于恒温培养箱中，37℃恒温培养2～3d。

4. 观察菌落特征

经2～3d培养后，平板上的菌落已经长成，仔细观察这些菌落形态方面的差异，区别不同类型的乳酸菌，并对菌落形态和个体形态进行描述。

菌落形态资料如下。

（1）扁平形菌落：大小为2～3mm，边缘不整齐、很薄，近似透明状，镜检为杆状。

（2）半球状隆起菌落：大小为1～2mm，隆起呈半球状，高约0.5mm，边缘整齐且四周可见酪蛋白水解透明圈，染色镜检呈链球状。

（3）礼帽形突起菌落：大小为1～2mm，边缘基本整齐，菌落中央呈隆起状，四周较薄，也有酪蛋白透明圈，染色镜检也呈链球状。

5. 单菌株发酵实验

分别将上述单菌落接入已经消毒的市售牛乳中活化增殖，而后以质量分数为10%的接种量接入已经消毒的牛乳中，分别在37℃和45℃下恒温培养，各菌株的发酵液均可使菌株细胞密度达10^8个/mL。

6. 品评确定最佳菌种

发酵结束后，在4～7℃的冰箱中低温储藏24h，使乳酸菌发酵产生酸乳风味物质，完成酸乳的后熟作用。对于酸乳制品的感官质量，可从凝乳情况、口感、香味、异味和pH这5个方面进行综合评价。通过对每个单菌株发酵形成的酸乳制品进行感官质量品评，确定最佳菌种。

三、注意事项

知识拓展1：酸乳的制作

（1）选择优良的酸乳（或发酵剂）是获得最佳酸乳的关键。

（2）在酸乳发酵及传代中应避免杂菌污染，特别是芽孢杆菌的污染，否则可导致酸乳产生异味。

四、知识拓展

酸乳的制作参看二维码。

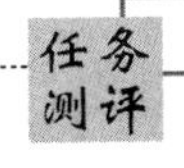

乳酸中乳酸菌菌种的制备评价表见表8-1。

表 8-1 乳酸中乳酸菌菌种的制备评价表

内容	评价标准	分值
物品准备	物品准备齐全，需要灭菌的物品完成灭菌	20
倒平板培养基	在酒精灯周围完成，不污染杂菌，平板表面平整	10
稀释	稀释在无菌操作下完成，稀释倍数适宜	20
分离纯化	接种操作规范，培养温度、时间正确	20
观察菌落特征	根据菌落形态资料准确描述平板上生长的菌落	10
单菌株发酵实验	接种量正确，培养条件正确，发酵液中菌株密度在规定范围内	10
品评确定最佳菌种	从凝乳情况、口感、香味、异味和 pH 这 5 个方面进行综合评价	10
合计		100

任务考核

（1）为什么采用乳酸菌混合发酵的酸乳比采用单菌发酵的酸乳口感和风味更佳？

（2）怎样进行乳酸菌菌种的分离与筛选？

任务二 泡菜的加工

任务描述

某酱菜厂为扩大销量，增加企业产值，决定开发南方市场，考虑到南方顾客的口味需求，欲进行泡菜的生产，请帮他们完成泡菜的模拟加工。

任务要求

知识目标

（1）了解制作泡菜的工艺流程。

（2）了解泡菜发酵的影响因素。

能力目标

（1）熟悉泡菜加工的工艺流程，掌握其加工技术。

（2）能根据实验示意流程图制作泡菜。

（3）能验证泡菜加工中发生的一系列变化。

素质目标

（1）提高学生在实验中的自主性和组织性。

（2）通过小组成员间的分工操作，增强合作意识。

（3）通过实验用品的准备，以及实验后对物品的整理、归位、清洁，养成吃苦耐劳的职业品质。

基础知识

后魏贾思勰撰著的《齐民要术》一书就记载有泡酸菜的制作方法。蔬菜的储存方式之一就是将其制作成泡菜。《辞海》中记述："泡菜，将蔬菜用淡盐水浸渍而成"，其加工过程是将蔬菜清洗干净后晾去表面水分，放入泡菜坛中，加入6%～8%的食盐，使食盐水完全淹没蔬菜，盖上坛盖，腌制一段时间即可。传统泡菜的制作过程属于自然发酵，不需接种乳酸菌。在缺氧的环境下，乳酸菌的生长占优势，产生大量的乳酸，抑制了其他菌的生长。乳酸不仅使成品具有酸味，还可与发酵过程中产生的醇类物质发生酯化反应，产生多种酯类物质等，其与菜香复合使成品具有特殊的香味；同时，发酵过程中部分蛋白质分解产生氨基酸，使成品具有鲜味。泡菜不仅是佐餐佳品，而且是保健食品，深受人们的喜爱。

泡菜生产是利用食盐的高渗透作用，以乳酸发酵为主的微生物发酵过程，因此除了原料中的食盐作为纯物理化学的非生命活动外，乳酸发酵则是微生物极复杂的生命代谢活动的结果。乳酸发酵的优劣及乳酸在泡菜中的积累将直接关系到泡菜的质量，乳酸菌对于提高泡菜的营养价值极为重要。这是因为乳酸菌既不具备分解纤维素的酶系，也不具备水解蛋白质的酶系，因此既不破坏植物细胞组织，又不会分解蛋白质和氨基酸，既有保鲜功能，又可增强产品风味。

乳酸菌常附着于蔬菜上，与植物关系密切，虽经洗涤也不会被除去。在泡菜制作过程中，乳酸菌利用的养料主要是蔬菜的可溶性物质和部分泡渍液浸出物。但是蔬菜附生微生物中还有酵母菌、丁酸菌、大肠杆菌和一些霉菌，所以利用野生菌酿制泡菜，常带来生产周期长、卫生条件差、产品质量不稳定等弊端。

为使乳酸菌迅速生长繁殖，应根据乳酸菌的生理特性创造最佳生产条件。首先，在泡渍液中加入适量的糖类物质使其获得足够的碳源和能源。其次，泡渍液尽量充满发酵容器，出口加盖水封层创造厌氧条件，既满足乳酸菌厌氧发酵的条件，又抑制好氧细菌和霉菌的生长。发酵中期，乳酸菌生长并产酸，可抑制虽属厌氧菌但需要中性或碱性条件才能生长的丁酸菌和其他腐败细菌。泡渍液中的食盐也抑制了不耐盐的微生物污染。

此外，乳酸菌为中温微生物，在中温条件下发酵也抑制了高温和低温微生物的干扰。泡菜的乳酸发酵一般可分为微酸、酸化和过酸 3 个阶段。在泡制初期，乳酸菌与其他附生微生物共生，但在厌氧环境中乳酸菌占优势，并因产酸使泡渍液呈微酸性抑制了腐败微生物的生长。在泡制中期，乳酸菌含量猛增达到酸化阶段。在泡制后期，当乳酸菌含量继续富集直至反馈抑制乳酸菌生长时，即进入过酸阶段。在过酸阶段，乳酸菌等微生物几乎进入休眠期，可有效保持产品的货架期，但产品酸度过高，口感较差。酸化阶段的产品风味好，为最佳食用期。通常情况下，成品泡菜的 pH 控制在 3.0 左右效果最佳。自然发酵泡菜是利用低浓度食盐水溶液来泡制蔬菜、经附生于植物表面上的乳酸菌发酵而成的蔬菜加工品。

泡菜中常见的乳酸菌主要有植物乳杆菌、发酵乳杆菌、短乳杆菌、肠膜明串珠菌及小片球菌等。在泡青菜时，直接使用直投式乳酸菌制剂能够在发酵初期使乳酸菌数量迅速增加成为优势菌种。乳酸菌繁殖代谢产生的乳酸及抑菌物质是天然的防腐剂，可以抑制其他杂菌生长，使发酵稳定，从而能够缩短泡青菜的成熟期，减少企业成本，缩短资金周转期，也使后续包装成品的质量问题得到了相应解决。研究发现，接种乳酸菌制剂后，氨基氮含量升高，亚硝酸盐含量降低，减少了食盐用量。

在泡红椒过程中采用传统发酵工艺的主要问题是，风味物质形成不足，从而需要长时间发酵。传统发酵过程通过高盐和外加酸来抑制微生物的生长，从而影响果胶酯酶的活性以达到护脆的目的。同泡青菜传统发酵工艺一样，这种方式也会影响总酸及风味物质含量的提高。然而通过人工接种乳酸菌发酵剂，配合低盐发酵红椒能够在发酵初期抑制其他杂菌生长，提高红椒的总酸和风味物质含量，形成传统发酵工艺所不具有的特有香味，从而提升产品的品质；成熟期比传统发酵缩短，亚硝酸盐含量比传统发酵低，所以无论是在风味提高还是在食品安全性上，这种方式都具有无可比拟的优势。

泡菜需要用陶土专用泡菜坛来泡制，因为这种材质的泡菜坛可以耐酸、碱、盐的腐蚀，同时还能避光（有些原料在泡制时不能见光，尤其怕阳光直射），目的是防止泡出的菜变色或变质。

任务实施

一、材料准备

1. 实验材料

白菜 10kg、黄瓜 0.7kg、圆白菜 3kg、鲜青辣椒 4kg、大蒜 0.7kg、鲜红辣椒 4kg、嫩豇豆 1.3kg、粗盐 4kg、胡萝卜 2kg、白酒 2kg、白萝卜 1kg、干辣椒 0.2kg、苦瓜 0.7kg、花椒 0.2kg、鲜姜 4kg、生姜片 0.7kg、芥菜梗 0.7 kg、芹菜梗 0.7kg、凉开水 20～25 kg。

2. 器材

泡菜坛、菜刀、菜板、水勺、水盆、水锅、漏盆、竹筷。

二、操作步骤

工艺流程：制泡菜液→晒菜→入坛泡制→成品。

1. 制泡菜液

（1）将粗盐、干辣椒、花椒同时放入泡菜坛内，再加入白酒及凉开水，粗盐搅拌均匀（放一个不辣的青椒作为发酵引子用）。

（2）把泡菜坛密封后，放置 7～10d（视气温不同）。2～3d 后注意仔细观察，看青椒周围是否有气泡形成，开始的时候是 1～2 个细小的气泡。如果有气泡，说明发酵正常，待青椒完全变黄后，再放 2～3d。

（3）捞出作为发酵引子用的青椒并丢掉，泡菜的原汁即制作完成。

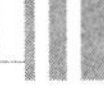

2. 晒菜

将配料的蔬菜全部洗净、晾干，用刀切成各种小块或小段（不要太小），如果菜料水分过大，可略晒去水分。黄瓜和圆白菜也可以先用沸水烫一下，再略晒去水分。

3. 入坛泡制

（1）将所有菜料放入泡菜坛内，搅拌均匀，菜要装满，尽量少留空隙，液面靠近坛口，使泡卤浸泡全部菜料。

（2）于坛沿处加凉开水后，用盖盖严。夏天泡1～2d，冬天泡3～4d即可食用。

（3）将泡菜放在阴凉的地方，注意保持坛口始终有水，以保证坛中不进入空气和细菌。如发现坛中液体产生气泡，加入少许白酒即可。

三、注意事项

（1）喜食甜味者，可以在泡菜水内加入少量白糖。

（2）最好用高粱白酒，无高粱白酒时，也可用其他粮食酒。

（3）菜料可以根据个人喜好选用。配料中，不喜欢的成分可少用或不用。

（4）整个操作过程要注意清洁卫生，尽可能做到不让生水进入坛中。取食泡菜时也要注意切忌沾油，以防泡菜变质。

知识拓展2：东北酸菜的制作

四、知识拓展

东北酸菜的制作参看二维码。

泡菜的加工评价表见表8-2。

表8-2　泡菜的加工评价表

内容	评价标准	分值
制泡菜液	泡菜坛准备，消毒，放发酵引子	25
晒菜	切分正确，晒去水分方法得当	25
入坛泡制	物料搅拌均匀，坛盖水封，发酵时间、温度控制正确，无菌操作	30
实验后的处理	物品整理，能及时清理实验室，归还实验物品	20
合计		100

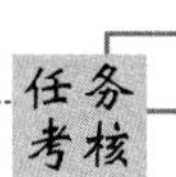

（1）试解释制作泡菜的基本原理。

（2）在制作泡菜的过程中，应如何防止杂菌的污染？

项目九　酵母菌在食品中的应用

在食品加工过程中，利用酵母菌与食品原料发生作用，可以生产出多种食品，如面包、啤酒、葡萄酒、黄酒、白酒、威士忌、伏特加、单细胞蛋白等。

一、酒类的生产

酵母菌常用于酒类生产，包括白酒、啤酒、果酒、威士忌、伏特加等。

1. 啤酒的酿造

主发酵阶段：啤酒酵母在 O_2 充足的冷却麦芽汁中进行有氧呼吸，可发酵糖类进入 TCA（tricarboxylic acid cycle，三羧酸循环）彻底分解为 H_2O 和 CO_2 并放出大量热量，菌体细胞大量增殖。

后发酵阶段：当酵母增殖到一定程度时，即进行厌氧发酵，可发酵糖类经 EMP 途径发酵产生乙醇和 CO_2 并释放少量热量。

2. 葡萄酒的酿造

葡萄汁中的果糖和蔗糖被葡萄酒酵母酒化酶系经 EMP 途径发酵生成乙醇和 CO_2，其中蔗糖先被葡萄酒酵母的蔗糖转化酶分解为葡萄糖和果糖，再进入 EMP 途径发酵。葡萄酒酵母的氧化酶可促进葡萄酒的氧化作用（老熟陈化和色素沉淀等）。

3. 黄酒的酿造

黄酒指以糯米（或籼米、粳米、黍米、玉米）为主要原料，利用麦曲（或米曲、红曲）为糖化剂，进行多菌种混合自然发酵，酿造成的乙醇含量为 12%～18%（体积比）的饮料酒。新黄酒工艺，则是在上述传统工艺的基础上利用纯种麦曲（或黄曲霉、米曲霉）为糖化剂，纯种酒母为发酵剂，以纯种发酵取代自然发酵。

（1）麦曲：以破碎的全小麦为原料，主要培殖曲霉（以黄曲霉或米曲霉为主，有少量黑曲霉、灰绿曲霉、青霉），其次含有根霉和毛霉，还有少量酵母等微生物，是酿造黄酒的糖化剂。

（2）酒药：小曲中的一个种类，又称药曲。以籼米粉、米糠为原料，加入少量中草药（辣蓼草粉末），主要培殖根霉、毛霉、酵母菌和少量细菌，是制备淋饭酒母或以淋饭法酿造甜黄酒的糖化发酵剂。

常用的黄酒酵母有 732 号、501 号、醇 2 号、As2、1392、M-82、AY 等，前 3 种从淋饭酒醅中分离，含有酒化酶系，赋予黄酒酒香和醋香，并具有繁殖快、发酵力强、

产酸低、耐酸、耐高浓度乙醇、对杂菌污染抵抗力强等优点。

酒药中的毛霉产生液化型淀粉酶和蛋白酶，分解淀粉和蛋白质产生葡萄糖和氨基酸，为酵母菌生长提供营养物。

（3）乌衣红曲：以籼米为原料，主要培殖红曲霉、黑曲霉、酵母菌，是酿造黄酒的糖化发酵剂。红曲霉分泌红色素或黄色素，产生糖化型淀粉酶和蛋白酶，并产生柠檬酸、琥珀酸、乙醛，耐酸，最适 pH 为 3.5～5.0，耐受最低 pH 为 2.5，耐 10%乙醇。常用的红曲霉有 As3.555、As3.920、As3.972、As3.976、As3.986 等。

4. 白酒的酿造

白酒是以含淀粉或可发酵糖等的物质为原料，利用大曲、小曲、麸曲和纯种酒母作为糖化发酵剂，经糖化、发酵、蒸馏酿制而成的蒸馏酒。大曲、小曲、麸曲的主要微生菌群及其作用如下。

（1）大曲：以全小麦或小麦∶大麦∶豌豆=7∶2∶1 或 5∶4∶1 制成的混合原料，经自然接种培养而制成的大砖块形的酒曲。大曲中的微生物主要是曲霉，其次是根霉、毛霉和酵母菌及少量细菌，是大曲酒的糖化发酵剂。

曲霉和根霉是主要的糖化菌种，其中黑曲霉的糖化力较低，但液化力和蛋白酶分解力较强；根霉和红曲霉产生糖化酶和有机酸；毛霉产生淀粉酶和蛋白酶。

大曲含有产乙醇力高的啤酒酵母和产酯生香能力高的产醋酵母。

大曲中的细菌主要有乳酸杆菌、醋酸杆菌、嗜热芽孢杆菌（如高温枯草芽孢杆菌）等，前两种存在于清香（汾香）型和浓香（窖香）型白酒大曲中，第三种存在于酱香（茅香）型白酒大曲中。

（2）小曲：以大米粉为原料，以曲种接种，主要繁殖根霉、毛霉、酵母菌和少量细菌，是半固态法生产小曲酒的糖化发酵剂。酵母菌有啤酒酵母和产酯酵母，还有乳酸菌和醋酸杆菌。

（3）麸曲：以麸皮为主要原料，以 20%～30%鲜酒糟和稻壳为辅料，经接种纯曲霉菌种扩大培养而成，是固态发酵法生产麸曲白酒的糖化剂。

麸曲白酒生产中先后采用了黄曲霉和黑曲霉 As3.4309 作为糖化菌种，或在黑曲基础上配入少量（<30%）的黄曲。近年来，利用黑曲霉、根霉、红曲霉和拟内孢霉为糖化剂，配以啤酒酵母、产酯酵母和己酸菌等酿制白酒，使麸曲白酒和大曲白酒的风味接近。麸曲也可用于乙醇和黄酒的生产。

二、面包的生产

1. 菌种及其在面包生产中的作用

1）菌种

生产面包的菌种属于啤酒酵母。其商品有以下两种主要形式。

（1）压榨酵母：酵母液经压榨而制成，利用糖蜜或其他碳源，适当添加氮源物质和磷等无机盐，28℃深层通气培养 9～12h，离心分离出酵母细胞，经水洗涤迅速冷却，压滤机压榨，使之含水量为 70%～73%，而后在模子中压成块，包装后冷藏。压榨酵母发酵力强，使用方便，但不易久存。

（2）高活性干酵母：压榨酵母经连续流化床低温真空干燥而制成，含水量 4%～6%，固形物含量 94%～96%，活性保持在 60%～80%。高活性干酵母常温下稳定性能良好，但成本偏高，使用前需活化处理以恢复活性。

2）作用

菌种在面包生产中的作用包括：①使面包蓬松；②改善面包风味；③提高面包营养价值（由酵母菌的残留物带来，如氨基酸、维生素、菌体蛋白质等）。

2. 发酵机制

面粉含有 70%～80%的淀粉、少量的单糖和蔗糖。酵母菌在面粉中生长时首先要用到少量的单糖、蔗糖及麦芽糖（由面粉中的α-淀粉转化而成）。酵母菌分泌蔗糖酶和麦芽糖酶，将蔗糖、麦芽糖分解成单糖，继而利用单糖及其他营养物质先后进行有氧呼吸繁殖菌体细胞和厌氧发酵产生乙醇、CO_2、醛类及有机酸。产生的 CO_2 被面团中的面筋包围，留于面团中，使面团膨大；焙烤面包团时，CO_2 受热膨胀、逸出，从而使面包形成质地松软的海绵状结构。

3. 工艺流程

配料→第一次调制面团→第一次发酵→第二次调制面团→第二次发酵→整形→醒发（后发酵）→焙烤→冷却→包装→成品。

任务一　啤酒酵母的扩大培养

任务描述

某创业社团想要自己制作一些啤酒，但对啤酒酵母菌种的扩大培养方面不了解，请你们帮助其完成啤酒酵母的扩大培养。

任务要求

知识目标

（1）掌握啤酒酵母的培养条件。

（2）了解扩大培养的目的和麦芽汁糖度的表达方式。

技能目标

（1）能够进行麦芽汁液体培养基的制备。

（2）会啤酒酵母扩大培养操作技术。

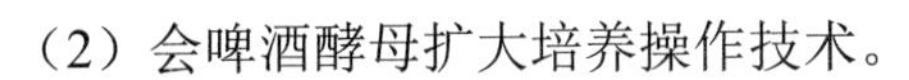
素质目标

（1）通过培养基制备过程中药品的合理称量，增强成本意识。

（2）通过小组成员间的分工操作，增强合作意识。

基础知识

啤酒酵母是指用于酿造啤酒的酵母，多为酿酒酵母的不同品种。其细胞形态与其他培养酵母相同，为近球形的椭圆体，与野生酵母不同。啤酒酵母在麦芽汁琼脂培养基上的菌落为乳白色，有光泽，平坦，边缘整齐；无性繁殖以芽殖为主；能发酵葡萄糖、麦芽糖、半乳糖和蔗糖，不能发酵乳糖和蜜二糖。按细胞的长宽比例，可将啤酒酵母分为3 组。第一组的细胞形状多为圆形、卵圆形或椭圆形（细胞长/宽<2），主要用于乙醇发酵、酿造饮料酒和面包生产。第二组的细胞形状以卵形和长卵形为主，也有圆形或短卵形细胞（细胞长/宽≈2）。这类酵母主要用于酿造葡萄酒和果酒，也可用于啤酒、蒸馏酒和酵母生产。第三组的细胞形状为长圆形（细胞长/宽>2）。这类酵母比较耐高渗透压和高浓度盐，适合于用甘蔗糖蜜为原料生产乙醇。

在进行啤酒发酵之前，必须准备好足够量的发酵菌种。在啤酒发酵中，接种量一般应为麦芽汁量的 10%（使发酵液中的酵母量达 1×10^7 个酵母/mL）。因此，要进行大规模的发酵，首先必须进行酵母菌种的扩大培养。扩大培养的目的有两方面：一方面是获得足量的酵母菌，另一方面是使酵母菌由最适生长温度（28℃）逐步适应发酵温度（10℃）。

啤酒酵母在啤酒酿造发酵过程中，既是发酵前投入的种子，又是发酵结束产生的副产品。酿啤酒时，首先萃取制酒原料小麦汁，之后加入酵母菌及啤酒花等添加物，进行低温发酵。发酵之后，酵母菌便“功成身退”，成为死菌，沉淀于啤酒桶槽中。不过，这时候的酵母菌早已吸收了麦汁的营养，将其捞起经过洗净、消毒、干燥等再制作过程，就成了啤酒酵母。

啤酒酵母是一种非常安全、营养丰富且均衡的食用微生物，可以直接食用。啤酒酵母中几乎不含脂肪、淀粉和糖，而含有优质完全蛋白质（人体必需的 8 种氨基酸）、完整的 B 族维生素群、14 种生命结合态的优质矿物质和优质功能性膳食纤维。啤酒酵母营养成分的构成特别适合人体的需求，能够缓解由于饮食结构不合理而造成的营养失衡等。啤酒酵母现广泛应用于瘦身、糖尿病、脂肪肝、维生素 B 缺乏等保健领域。

任务实施

一、材料准备

1. 实验材料

11° P 麦芽汁培养基、啤酒酵母菌种。

2. 器材

富氏瓶（或 20mL 试管）、巴氏瓶（或 500mL 锥形瓶、平底烧瓶）、卡氏培养罐（10～20L）、恒温培养箱、接种环、棉塞及电炉（1000W 可调式）。

二、操作步骤

工艺流程：斜面试管→富氏瓶或试管培养→巴氏瓶或锥形瓶培养→卡氏培养罐培养。

1. 麦汁培养基的准备

（1）使用现场加酒花的麦芽汁培养基，加热煮沸 30min，使其中的蛋白质凝聚沉淀。
（2）冷却至 25℃备用。

2. 啤酒酵母接种与扩大培养

（1）富氏瓶中加入 10mL 麦芽汁培养基，灭菌煮沸后，冷却至 25℃接种 1～2 环啤酒酵母，塞好棉塞，于 25～27℃下恒温培养 2～3d。在培养一定时间后摇动，使酵母上浮，防止酵母沉淀，培养结束时进行酵母菌细胞计数。

（2）在巴氏瓶（或 500mL 锥形瓶）中加入 250mL 麦芽汁，加热 30min 灭菌，塞好棉塞，并冷却至 25℃备用。接入培养成熟的富氏瓶啤酒酵母种子，于 25℃下恒温培养 2d。如果培养温度采用 20℃，则培养时间可适当延长。培养结束时进行酵母菌细胞计数。

（3）加入卡氏培养罐一半体积的麦芽汁，同样加热灭菌煮沸 30min，冷却至 15～20℃。接入 1～2 个巴氏瓶啤酒酵母种子，充分摇均，于 15～20℃下培养 2～3d，备用。培养结束时进行酵母菌细胞计数。

3. 扩大培养过程的讨论

在酵母菌扩大培养过程中，讨论酵母菌培养温度变化趋势、酵母菌繁殖速度、扩大培养过程中酵母菌形态的变化、生产菌种的扩大培养与单纯微生物菌种的培养之间的异同点、每级扩大培养酵母菌细胞数增加的情况等。

三、注意事项

（1）一切培养用具必须彻底刷洗干净、塞好棉塞、高温灭菌。

（2）培养用麦芽汁培养基应当使用现场加酒花的麦芽汁，加热煮沸去除蛋白质凝固物，并冷却至 25℃保存。

（3）每次扩大稀释倍数 20 倍左右。

（4）每次移植接种后，要镜检酵母细胞的发育情况。

（5）随着每阶段的扩大培养，培养温度应逐步降低，以适应发酵生产现场环境。

知识拓展3：啤酒的酿造

四、知识拓展

啤酒的酿造参看二维码。

任务测评

啤酒酵母的扩大培养评价表见表9-1。

表9-1　啤酒酵母的扩大培养评价表

内容	评价标准	分值
麦汁培养基的准备	培养基按配方制备，选择适宜的灭菌条件	20
啤酒酵母接种与扩大培养	富氏瓶培养、巴氏瓶培养、卡氏培养罐培养中各阶段接种操作规范，培养条件正确	30
扩大培养过程的讨论	讨论酵母培养温度变化趋势、繁殖速度、形态变化、每级变化细胞数的增加情况等内容，并形成报告	40
实验后的处理	整理物品，能及时清理实验室，归还实验物品	10
合计		100

任务考核

（1）通过在酵母菌扩大培养过程中酵母菌形态的观察，你能得出什么结论？

（2）生产菌种的扩大培养与单纯微生物菌种的培养之间有何异同点？

任务二　单细胞蛋白的生产

任务描述

某焙烤兴趣小组在加工饼干的过程中通过添加单细胞蛋白提高了其营养价值及延展性能，请你们通过学习完成单细胞蛋白的初步生产。

知识目标

（1）掌握单细胞蛋白的工艺流程。

（2）了解单细胞蛋白的提取与应用。

技能目标

（1）掌握高压蒸汽灭菌锅的使用方法。

（2）能够在啤酒酵母菌种中培养出单细胞蛋白。

素质目标

（1）通过小组成员间的分工操作，增强合作意识。

（2）通过本任务的操作，增强无菌操作意识。

基础知识

单细胞蛋白也称微生物蛋白，它是用许多工农业废料及石油废料人工培养的微生物菌体。因而，单细胞蛋白不是一种纯蛋白质，而是由蛋白质、脂肪、碳水化合物、核酸及不是蛋白质的含氮化合物、维生素和无机化合物等混合物组成的细胞质团。单细胞蛋白中重要的是酵母蛋白、细菌蛋白和藻类蛋白，它们的化学组成一般以蛋白质、脂肪为主。单细胞蛋白按生产原料不同，可以分为石油蛋白、甲醇蛋白、甲烷蛋白等；按产生菌的种类不同，又可以分为细菌蛋白、真菌蛋白等。1967 年在第一次全世界单细胞蛋白会议上，将微生物菌体蛋白统称为单细胞蛋白。

单细胞蛋白是通过培养单细胞微生物获得的菌体蛋白质。单细胞蛋白的生产过程也比较简单，在培养液配制及灭菌完成以后，将它们和菌种投放到发酵罐中，控制好发酵条件，菌种就会迅速繁殖。发酵完毕，用离心、沉淀等方法收集菌体，最后经过干燥处理，就制成了单细胞蛋白成品。酵母菌、丝状真菌、微型藻类及非病原细菌等单细胞微生物均可用于生产单细胞蛋白，其中酵母菌是生产单细胞蛋白的主要单细胞微生物。单细胞蛋白是一类凝缩的蛋白质类产品，含粗蛋白 50%～85%，其中氨基酸组分齐全，可利用率高，还含维生素、无机盐、脂肪和糖类等，其营养价值优于鱼粉和大豆粉，易被人畜消化吸收；而微生物生长繁殖快，短时间可获得大量蛋白质，富含锌、硒等矿物质元素，尤其含铁量很高。近年来酵母产品不断开发，如含硒酵母、含铬酵母，它们均具有特殊营养功能。不同原料、不同酵母菌生成的饲料酵母营养成分不同，石油酵母的粗蛋白含量高达 60%，其次为啤酒酵母和纸浆废液酵母，其粗蛋白含量分别为 47.2%和 45%。从环保及物尽其用的原则出发，后两者较有开发前途。

单细胞蛋白具有以下优点：

（1）生产效率高，比动植物高成千上万倍，这主要是因为微生物的生长繁殖速率快。

（2）生产原料来源广，一般有以下几类：①农业废物、废水，如秸秆、蔗渣、甜菜渣、木屑等含纤维素的废料及农林产品的加工废水；②工业废物、废水，如食品、发酵工业中排出的含糖有机废水、亚硫酸纸浆废液等；③石油、天然气及相关产品，如原油、柴油、甲烷、乙醇等；④H_2、CO_2 等废气。

（3）可以工业化生产，它不仅需要的劳动力少，不受地区、季节和气候的限制，而且产量高、质量好。

任务实施

一、材料准备

1. 实验材料

啤酒酵母、麦芽汁液体培养基、啤酒生产废液、尿素、磷酸二氢钾、蔗糖。

2. 器材

接种环、吸管、磁力搅拌器、离心机、摇床、超净工作台、高压蒸汽灭菌锅。

二、操作步骤

工艺流程：菌种活化→大量培养→收集单细胞蛋白。

1. 菌种活化

用接种环将啤酒酵母菌种接入盛有35mL麦芽汁液体培养基的100mL锥形瓶中，30℃摇床培养17～19h。

2. 大量培养

量取200mL啤酒生产废液加入500mL锥形瓶中，加入0.5%的尿素和磷酸二氢钾，调节pH为6.0。用无菌吸管将活化的菌种0.5～1mL接入10mL上述废液中，30℃摇床培养24h。

3. 收集单细胞蛋白

将培养后的啤酒酵母悬液在3000r/min条件下离心8min，所得沉淀在95～105℃条件下烘2h至干，即得产品，称量，记录单细胞蛋白的产量。

任务测评

单细胞蛋白的生产评价表见表9-2。

表9-2　单细胞蛋白的生产评价表

内容	评价标准	分值
物品准备	按配方制备培养基，需要灭菌的物品完成灭菌，物品准备齐全	20
菌种活化	接种操作规范，培养条件正确	20
大量培养	pH调节在规定范围，接种方式正确，操作规范，培养条件正确	25
收集单细胞蛋白	离心操作参数正确，干燥条件和时间正确	25
实验后的处理	整理物品，能及时清理实验室，归还实验物品	10
合计		100

任务考核

（1）试回答需要灭菌的物品名称、数量和灭菌方法。

（2）试述单细胞蛋白的优点。

项目十 霉菌在食品中的应用

在食品加工过程中，利用霉菌对食品原料的作用，可以生产出多种食品，如酱油、大豆酱、蚕豆酱、面酱、豆瓣酱、腐乳、柠檬酸等。

一、酱油

酱油是人们常用的一种食品调味料，营养丰富，味道鲜美，在我国已有 2000 多年的历史。酱油是一种以植物性蛋白质和淀粉质粮食为原料，经过蒸煮、制曲、发酵、淋油而成的营养丰富的调味品。酱油生产中常用的霉菌有米曲霉、黄曲霉和黑曲霉，目前我国较好的酱油酿造菌种有沪酿 3.042 米曲霉、渝 3.811 米曲霉、961 米曲霉、广州米曲霉、WS_2 米曲霉、$10B_1$ 米曲霉等。

酱油生产的工艺路线类型甚多，但国内发酵所采用的生产方式主要为固态低盐发酵，也有固态无盐发酵，还有少数地区采用稀醪发酵。酱油生产分种曲、制曲、发酵、浸出提油、成品配制几个阶段。

（1）种曲制作工艺流程：麸皮、面粉→加水混合→蒸料→冷却→接种→装匾→曲室培养→种曲。

（2）制曲工艺流程：原料→粉碎→润水→蒸料→冷却→接种→通风培养→成曲。

（3）发酵：在酱油发酵过程中，根据醪醅的状态，有稀醪发酵、固态发酵及固稀发酵之分；根据加盐量的多少，又分有盐发酵、低盐发酵和无盐发酵 3 种；根据加温状况不同，又可分为日晒夜露与保温速酿两类。目前酿造厂中用得最多的是固态低盐发酵，其工艺流程如下：成曲→破碎→加盐水拌和（12～13° Bé 的盐水）→保温发酵（50～55℃，4～6d）→成熟酱醅。

（4）浸出提油工艺流程。

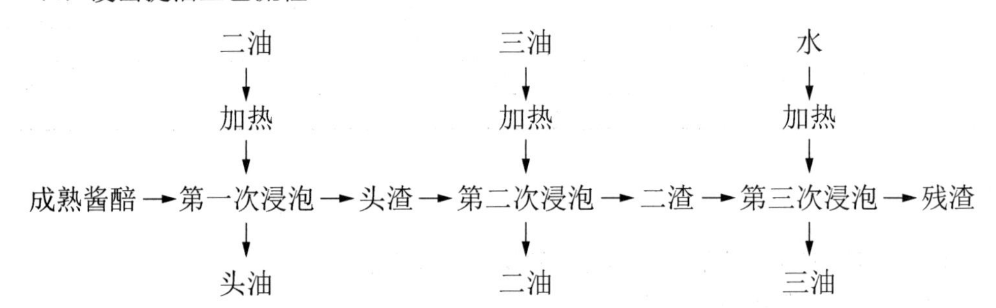

二、酱类

我国周朝时就开始利用自然界的霉菌制作豆酱，之后传到日本及东南亚。酱类主要包括大豆酱、蚕豆酱、面酱、豆瓣酱及其制品等，它营养丰富，易于消化吸收，具有独特的色、香、味，是一种广受欢迎的大众化调味品。

1. 生产菌

用于酱类生产的霉菌主要是米曲霉，生产上常用的有沪酿 3.042、中科 3.951、黑曲霉 F27 等。这些曲霉具有较强的蛋白酶、淀粉酶及纤维素酶的活力，它们把原料中的蛋白质分解为氨基酸，把淀粉分解为糖类，在其他微生物的共同作用下生成醇、酸、酯等，形成酱类特有的风味。

2. 生产工艺流程

酱的种类较多，酿造工艺各有特色，所用调味料也各不相同。面酱采用标准面粉酿制，也可在面粉中掺 25%～50%的新鲜豆腐渣。面酱制作可分为制曲和制酱两部分。

制曲工艺流程：面粉+水→捏合→蒸料→补水→冷却→接种→装匾入室→倒匾→翻曲→倒匾→出曲。

制酱工艺流程：成曲→堆积生温→拌水→入缸→酱醅保温发酵→加盐→磨细→面酱。

三、腐乳

腐乳是我国著名的具有民族特色的发酵食品之一，有 1000 多年的制作历史，是营养丰富、滋味鲜美、风味独特、价格便宜的佐餐品。以前生产腐乳采用自然发酵法，现大多采用纯培养菌种，主要有腐乳毛霉、鲁氏毛霉、五通桥毛霉、总状毛霉、华根霉等，也有采用其他菌种酿造的，如克东腐乳是利用微球菌酿造的，武汉腐乳是利用枯草芽孢杆菌酿造的。

腐乳的酿造过程是几种微生物及其所产生的酶不断作用的过程。在发酵前期，主要是毛霉等的生长发育期，豆乳坯周围布满菌丝，同时分泌各种酶，催化豆乳中少量淀粉的糖化和蛋白质的逐步降解。同时由空气中自然降落到坯上的细菌、酵母也随之繁殖，参与发酵。加入食盐、红曲、黄酒等辅料，装坛后，即开始进行厌氧的后发酵。毛霉产生的蛋白酶、醇化酶和细菌、酵母的发酵作用，经过复杂的生物化学变化，将蛋白质分解为蛋白胨、多肽和氨基酸等物质，同时生成一些有机酸、醇类、酯类，最后制成具有特色、香、味的腐乳成品。其工艺过程如下：大豆→浸泡→磨浆→过滤→点浆→压榨→豆腐→切坯，接种培养 3d 左右→毛坯，加入食盐等辅料→腌坯→装坛→发酵 3～6 个月→成品。

四、柠檬酸发酵

柠檬酸的分子式为 $C_6H_8O_2$。很多果实含有一定的柠檬酸，其中以柑橘、菠萝、柠檬、无花果等含量较高，另外，棉叶、烟叶的柠檬酸含量也较高。柠檬酸主要用于食品工业，用作酸味料，常用在饮料、果汁、果酱、水果糖等食品中，也可用作油脂抗氧化剂。

1. 生产菌

能产生柠檬酸的微生物种类很多，其中包括青霉、曲霉、毛霉和假丝酵母等，目前生产上常用产酸能力强的黑曲霉。另外，泡盛曲霉、斋藤曲霉等的产酸能力也很强。

2. 发酵代谢途径

发酵代谢途径如下。

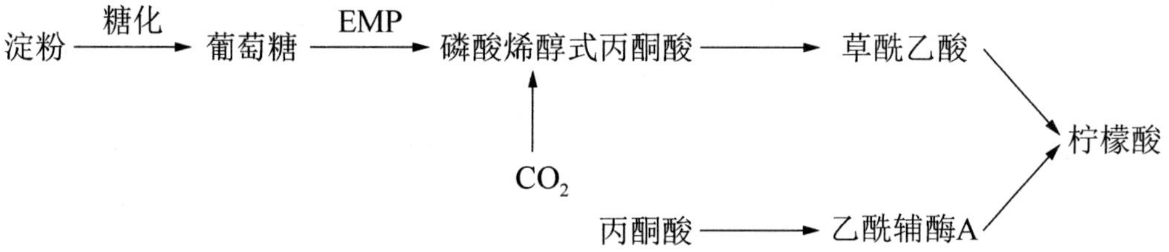

淀粉 —糖化→ 葡萄糖 —EMP→ 磷酸烯醇式丙酮酸 ——→ 草酰乙酸 ↘ 柠檬酸

（CO_2 → 磷酸烯醇式丙酮酸）

丙酮酸 ——→ 乙酰辅酶A ↗ 柠檬酸

3. 生产工艺流程

柠檬酸发酵可分为液体发酵和固体发酵两大类。液体发酵又分浅盘发酵和液体深层发酵。目前世界各国多采用液体深层发酵法。柠檬酸生产的全部过程包括试管斜面菌种培养、种子扩大培养、发酵和提炼 4 个阶段。其一般工艺流程（薯干粉原料深层发酵工艺流程）如下。

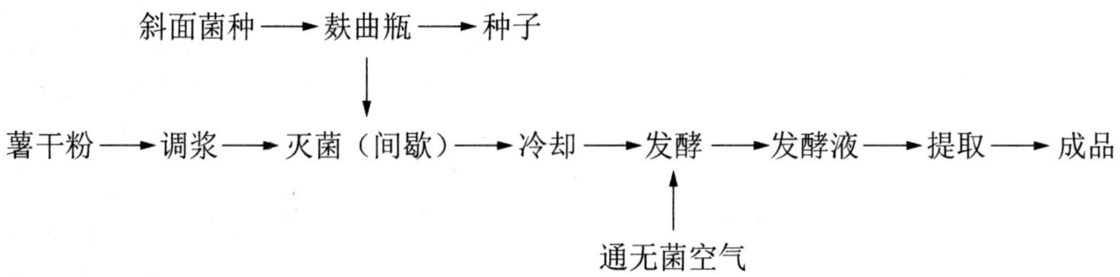

斜面菌种 → 麸曲瓶 → 种子

（种子 ↓ 灭菌（间歇））

薯干粉 → 调浆 → 灭菌（间歇）→ 冷却 → 发酵 → 发酵液 → 提取 → 成品

（通无菌空气 ↑ 发酵）

任务一　酱油用曲的制备

任务描述

某酱油厂欲招聘一批制曲人员，如果你要去应聘，应该了解关于酱油用曲的生产知识，通过本任务的学习帮助你完成这个任务。

知识目标

（1）了解酱油用曲的种类。
（2）掌握酱油用曲发酵的工艺条件。

技能目标

（1）能够完成酱油用曲的操作。
（2）进一步训练微生物的分离、培养等基本方法和无菌操作技术。

素质目标

（1）通过酱油用曲的制备，增强无菌操作意识。
（2）通过本任务对酱油用曲的质量要求，增强食品质量安全意识。

酱油用的原料是植物性蛋白质和淀粉质。原料经蒸熟冷却，接入纯培养的米曲霉菌种制成酱曲，酱曲移入发酵池，加盐水发酵，待酱醅成熟后，以浸出法提取酱油。

米曲霉是半知菌亚门、丝孢纲、丝孢目、从梗孢科、曲霉属真菌中的一个常见种。米曲霉菌落生长较快，质地疏松，初呈白色、黄色，后转黄褐色至淡绿褐色，背面无色，分布甚广，主要存在于粮食、发酵食品、腐败有机物和土壤等中。米曲霉蛋白酶活力高，分解淀粉能力强，是在长期生产实践中被国内许多酱油生产企业采用的酱油制曲菌种。

酱油生产原料的最主要成分是蛋白质，因此常常采用豆粕和面粉与麸皮等为制曲原料。原料中丰富的蛋白质保证了成品曲含有较高的蛋白酶活力。米曲霉经试管、锥形瓶、木盒（帘子）、通风曲池等几个环节的扩大培养制成曲。培养过程中原料逐步接近生产实际，工艺条件从有利于菌种生长繁殖逐步转变为有利于蛋白酶大量积累。在淀粉酶的作用下，将原料中的直链、支链淀粉降解为糊精及各种低分子糖类，如麦芽糖、葡萄糖等。在蛋白酶的作用下，将不易消化的大分子蛋白质降解为蛋白胨、多肽及各种氨基酸，而且可以降解辅料中粗纤维、植酸等难吸收的物质，提高营养价值、保健功效和消化率。

制曲的目的是使米曲霉在曲料上充分生长发育，并大量产生和积蓄所需要的酶，如蛋白酶、肽酶、淀粉酶、谷氨酰胺酶、果胶酶、纤维素酶、半纤维素酶等。在发酵过程中，风味的形成源于这些酶的作用。例如，蛋白酶及肽酶将蛋白质水解为氨基酸，产生鲜味；谷氨酰胺酶把无味的谷氨酰胺变成具有鲜味的谷氨酸；淀粉酶将淀粉水解成糖，产生甜味；果胶酶、纤维素酶和半纤维素酶等使细胞壁破裂，使蛋白酶和淀粉酶水解得更彻底。同时，在制曲及发酵过程中，从空气中落入的酵母和细菌也进行繁殖并分泌多种酶。也可添加纯培养的乳酸菌和酵母菌。由乳酸菌生产的适量乳酸、由酵母菌发酵生产的乙醇，以及由原料成分、曲霉的代谢产物等所生产的醇、酸、醛、酯、酚、缩醛和呋喃酮等多种成分，虽多属微量，但能构成酱油复杂的香气。此外，原料蛋白质中的酪氨酸经氧化生成黑色素，淀粉经曲霉淀粉酶水解为葡萄糖与氨基酸反应生成类黑素，使酱油产生鲜艳有光泽的红褐色。发酵期间的一系列极其复杂的生物化学变化所产生的鲜味、甜味、酸味、酒香、酯香与盐水的咸味相混合，最后形成风味独特的酱油。

任务实施

一、材料准备

1. 实验材料

米曲霉、水、豆粒、面粉、麸皮、琼脂、硫酸镁、硫酸铵、磷酸氢二钾等。

2. 器材

培养箱、灭菌锅、试管、锥形瓶、天平、pH 计、冰箱、原料混合池、木盒、曲池、粉碎机、蒸煮锅、风机等。

二、操作步骤

1. 试管菌种

1）工艺要求

米曲霉经过 3d 的培养，斜面表面长满密密的黄绿色孢子，菌丝健壮，孢子茂密、均匀。

2）操作方法

（1）豆粕或豆饼加水后，用小火煮沸 1h，边煮边搅，再用纱布过滤，制成豆汁。

（2）豆汁与各种辅料混合并调整 pH 后，最后加入琼脂，按工艺规定杀菌后，冷却制成斜面，检验为无菌后备用。

（3）在无菌室中，拔除原菌管与新制斜面试管的棉塞，经酒精灯灼烧试管口后，将接种环在酒精灯火焰上灼烧，伸入原菌管，管壁稍稍冷却后，挑取一环丝，迅速转入新斜面中，轻轻在表面划线，取出接种环，再次灼烧试管口后塞上棉塞。

（4）将已接种的试管放入恒温箱，调整温度至 30℃，培养 3d，斜面长满孢子以后取出备用。不马上使用时，应将其放入 4℃冰箱中保藏；长期保藏的菌种，每 3～4 个月移植 1 次。

2. 锥形瓶种曲培养

1）工艺要求

（1）孢子发育肥壮、整齐、稠密，布满培养基，顶囊肥大，米曲霉呈鲜艳的黄绿色，黑曲霉呈黑褐色。

（2）成曲孢子数（干基）：护酸 3.042 米曲霉，90 亿个/g；AS3.350 黑曲霉，105 亿个/g。

（3）培养基采用以下两个配方中的任意一个：①麸皮 80g、面粉 20g、水 80～90mL；②麸皮 85g、豆粕（或豆饼）粉 15g、水 95mL。

（4）接种后，在 30℃的培养箱中培养 68～72h。

2）操作方法

（1）配料与混合：将上述原料混合均匀，并用筛子将粗粒筛去。

（2）装瓶：一般采用容量为 250mL 或 300mL 的锥形瓶，瓶口塞好棉花塞，以 150～160℃干热灭菌，然后将料装入，料层厚度以 1cm 左右为宜。

（3）灭菌：高压蒸汽灭菌，0.1MPa 维持 30min，灭菌后趁热把曲料摇松。

（4）接种：在无菌条件下，接入试管原菌。

（5）培养：摇匀后置于 30℃恒温培养箱内 18h 左右，锥形瓶内曲料已稍发白结饼，摇瓶 1 次，将结块摇碎。继续置于 30℃恒温培养箱内培养，再经 4h 左右，有发白结饼现象，再摇瓶 1 次。经过 2d 培养后，把锥形瓶轻轻倒置过来（也可不倒置），继续培养 1d，全部长满黄绿色孢子后即可使用。若需放置较长时间，则应置于阴凉处，或置于冰箱中备用。

3. 种曲培养

1）工艺要求

（1）种曲外观：孢子旺盛，米曲霉呈新鲜黄绿色，黑曲霉呈新鲜黑褐色，有各种曲的特殊香气，无夹心，无根霉或青霉等其他异色。

（2）孢子数：孢子数应在 60 亿个/g（干基计）以上。

（3）细菌数：不超过 0.1 亿个/g。

（4）发芽率：要求达到 90%以上。

（5）接种温度：夏季为 38℃左右，冬季为 42℃左右，接种量为 0.5%。

（6）培养室：室温 28～30℃，品温最高 38℃，培养 65～70h。

2）操作方法

（1）原料配比。

可以选择以下两个配方中的任意一个：①麸皮 80g、面粉 20g、水占原料的 70%；

②麸皮 85g、豆粕 15g、水占原料的 90%。

（2）原料处理方法：

① 浸泡：豆粕加水浸泡，水温 85℃以上，浸泡时间 30min 以上，搅拌要均匀一致，然后加入麸皮拌匀，入蒸料锅。

② 灭菌：加压蒸料，保持 0.1MPa 蒸 30min，蒸料出锅时为黄褐色，柔软无浮水，出锅后过筛使之迅速冷却，要求熟料含水量为 52%～55%。

（3）接种。接种时先将锥形瓶外壁用 75%乙醇擦拭，拔去棉塞后，用灭菌的竹筷将纯种挑下，置于少量冷却的曲料上，拌匀。

（4）装盒入室培养。

① 堆积培养：将曲料摊平于盘中央，每盘装料（干料计）0.5kg，然后将曲盘竖直堆叠放于木架上。品温应为 30～31℃，保持室温在 29～31℃，经 6h 左右，品温逐渐上升。

② 搓曲、保湿、降温：继续培养 6h，上层品温达 36℃左右。曲料表面生长出微白色菌丝，并开始结块。此时用双手将曲料搓碎、摊平，使曲料松散，然后在曲盘上盖灭菌湿草帘或麻袋片一个，以利于保湿、降温。

③ 翻曲：搓曲后 6～7h，品温又升至 36℃左右，曲料全部长满白色菌丝，结块良好，即进行翻曲。用竹筷将曲料划成 2cm 的碎块，使靠近盘底的曲料翻起，利于通风降温，使菌丝孢子生长均匀。划曲后仍盖好湿草帘并倒盘。

④ 洒水、保湿、保温：划曲后，保持室内温度，降低室温使品温保持在 34～36℃，相对湿度为 100%。

⑤ 通风、排潮：盖草帘 48h 左右后，将草帘去掉，开天窗排潮，保持室温在（30±1）℃，品温 35～36℃至种曲成熟为止。

自装盘入室至种曲成熟，整个培养时间共计 72h。

（5）种曲质量检验。

4. 曲的培养

1）工艺要求

（1）制曲原料中，豆粕∶麸皮=（6～10）∶（4～1）。只要控制好比例，高蛋白原料也可使米曲霉生长正常。

（2）接种温度 40℃左右，接种量 0.3%～0.5%。

（3）培养室室温 30～32℃，米曲霉孢子发芽期 6～8h，品温 30～34℃；培养中期（菌丝生长期），连续通风，品温 34～35℃，培养 10～14h；培养后期（蛋白酶大量生成，即孢子生长期），连续通风，品温 25～30℃，培养至总时数 24～30h，酶的数量达到最高点，出曲。

2）操作方法

（1）原料处理方法同种曲。

（2）接种。种曲先用少量灭菌过的麸皮拌匀后，再掺入灭菌后曲料中。

（3）培养。

① 曲料装池厚度一般为30cm，堆积疏松且平整。通风调节温度至32℃左右。

② 曲料上、中、下层各插1支温度计。静置培养6h左右，此时料层开始升温。到37℃左右时即应开机通风，以后间断通风，维持曲料品温为35℃左右。

③ 接种12～14h以后，品温上升迅速，菌丝生长，曲料结块，品温有超过35℃的趋势，此时进行第一次翻曲。翻曲后保持温度在34～35℃，继续培养4～6h后，根据品温上升情况进行第二次翻曲。

④ 二次翻曲后继续连续通风培养，品温以维持30～32℃为宜。如曲料出现裂纹收缩，则可用压曲或铲曲的方法将裂缝消除。

⑤ 培养20h左右，米曲霉开始着生孢子，蛋白酶活力大幅度上升，培养至30h左右即可出曲。

知识拓展4：酱油的生产

三、知识拓展

酱油的生产参见二维码。

任务测评

酱油用曲的制备评价表见表10-1。

表10-1　酱油用曲的制备评价表

内容	评价标准	分值
试管菌种	选用米曲霉，豆汁制备正确，斜面接种正确，培养、保藏方法正确	25
锥形瓶种曲培养	物品准备充足，接种规范，无菌操作贯穿实验，培养温度和时间正确	20
种曲培养	原料处理正确，接种培养规范，参数条件准确，达到工艺要求	25
曲的培养	物品准备充足，接种培养规范，参数条件准确	20
实验后的处理	整理物品，能及时清理实验室，归还实验室物品	10
合计		100

任务考核

（1）你如何看待本次任务的方法与操作步骤？

（2）本次任务的操作过程与实验室用微生物培养基的配制过程有何异同？

任务二　甜酒酿的制作

任务描述

甜酒酿深受人们的喜爱，某企业想要将甜酒酿制作成产品，销往全国各地，请你们帮助该企业完成甜酒酿的制作。

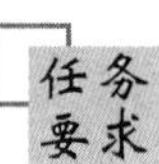
任务要求

知识目标

（1）了解制作甜酿酒的基本原理。

（2）了解糖化菌——根霉、毛霉和酵母菌在甜酒酿制作过程中的作用。

（3）了解根霉或毛霉的生长特征。

技能目标

（1）学会制作甜酒酿的操作方法。

（2）根据制曲的操作步骤，能够独立完成制曲过程。

素质目标

（1）通过甜酒酿的制作，增强团队意识，培养协作能力。

（2）通过本次任务，增强节约意识。

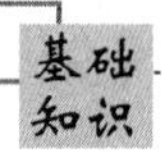
基础知识

甜酒酿的制作过程：首先将糯米进行蒸煮糊化；然后利用酒药中的根霉和米曲霉等微生物将原料中糊化后的淀粉糖化，将蛋白质水解成氨基酸；最后酒药中的酵母菌利用糖化产物生长繁殖，并通过酵解途径将糖转化成乙醇，从而赋予甜酒酿特有的香气、风味和丰富的营养。随着发酵时间的延长，甜酒酿中的糖分逐渐转化成乙醇，因而糖度下降，酒度提高，故适时结束发酵是保持甜酒酿口味的关键。

甜酒药是根霉、毛霉和酵母菌等微生物的混合糖化发酵剂。我国用根霉制曲酿酒已有悠久历史，如米根霉、河内根霉、代氏根霉等，其淀粉酶活力相当强，多用作糖化菌。我国最早用它们创立了淀粉发酵生产乙醇的方法。在酿酒时，它们除具有糖化作用外，还能产生少量乙醇。大多数根霉在30℃以下生长良好。根霉曲，又称熬曲、曲药、酒曲，是酿制小曲白酒、黄酒的糖化发酵剂。根曲霉是由固体发酵工艺生产的根霉曲和固体酵母按比例混合而成的，既含菌体（酶系）又含培养基的混合物。其菌种为米根霉和酿酒酵母。毛霉又称长毛霉，是接合菌门、接合菌纲、毛霉目、毛霉科真菌中的一个大属。毛霉的用途很广，常出现在酒药中，能糖化淀粉并能生成少量乙醇，产生蛋白酶，有分解大豆蛋白的能力，我国多用其来制作豆腐乳、豆豉。许多毛霉能产生草酸、乳酸、琥珀酸及甘油等，有的毛霉能产生脂肪酶、果胶酶、凝乳酶等。常用的毛霉主要有鲁氏毛霉和总状毛霉。

任务实施

一、材料准备

1. 实验材料

糯米、酒药、培养基。

2. 器材

手提式高压蒸汽灭菌锅或蒸锅（将糯米蒸熟用）、钢丝碗、滤布、烧杯、不锈钢锅、棉絮或其他保温材料、生化培养箱、盛酒酿的容器。

二、操作步骤

工艺流程：浸米→洗米蒸饭→淋水降温→落缸搭窝→保温发酵。

1. 浸米

将糯米淘洗干净，将米浸泡在水中 12～24h。浸米的目的是使米中的淀粉粒子吸水膨胀，便于蒸煮糊化。

2. 洗米蒸饭

将米捞起放于置有滤布的钢丝碗中，于高压锅内蒸熟（约 0.1 MPa，9min），使饭熟而不糊（八分熟）。

3. 淋水降温

用清洁冷水淋洗蒸熟的糯米饭，使其降温至 35℃左右，同时使饭粒松散。

4. 落缸搭窝

将酒药均匀拌入饭内，并在洗干净的烧杯内搭成凹形圆窝，面上撒少许酒药粉，盖上培养皿盖。

5. 保温发酵

于 30℃进行发酵，待发酵 2d 后，当窝内甜液达饭堆高度 2/3 时，进行搅拌，再发酵 1d 左右即可。

三、注意事项

在洗米蒸饭过程中需要隔水蒸煮，即将洗净沥干水的米在高压锅中隔水蒸煮 10～

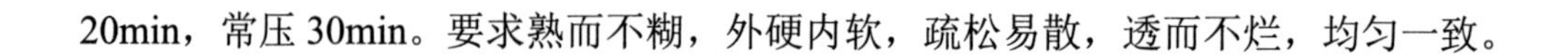

20min，常压 30min。要求熟而不糊，外硬内软，疏松易散，透而不烂，均匀一致。

任务测评

甜酒酿的制作评价表见表 10-2。

表 10-2　甜酒酿的制作评价表

内容	评价标准	分值
浸米	淘洗糯米，浸泡时间正确	20
洗米蒸饭	过滤，蒸熟（熟而不糊）	20
淋水降温	冷水淋洗，降温至 35℃	20
落缸搭窝	酒药的接种，圆窝的搭建	20
保温发酵	发酵温度时间的控制	20
合计		100

任务考核

（1）甜酒酿制作中有哪两类微生物参与发酵作用？各自起何种作用？

（2）成功制作甜酒酿的关键操作是什么？

（3）发酵期间为什么要进行搅拌？

主要参考文献

侯建平，纪铁鹏，2010．食品微生物[M]．北京：科学出版社.
罗红霞，2010．食品微生物检验技术[M]．北京：中国农业大学出版社.
万萍，2010．食品微生物基础与实验技术[M]．2 版．北京：科学出版社.
雅梅，2015．食品微生物检验技术[M]．2 版．北京：化学工业出版社.
严晓玲，牛红云，2017．食品微生物检测技术[M]．北京：中国轻工业出版社.
姚勇芳，2011．食品微生物检验技术[M]．北京：科学出版社.